シニア生活アドバイザー 小宮 紳一 / 右脳開発トレーナー 児玉 光雄

高齢ドライバーなら知っておきたい

認知機能検査がなぜ必要なのか

75歳以上の人は“認知機能検査”と高齢者講習を必ず受けなければならないのです

なぜ？

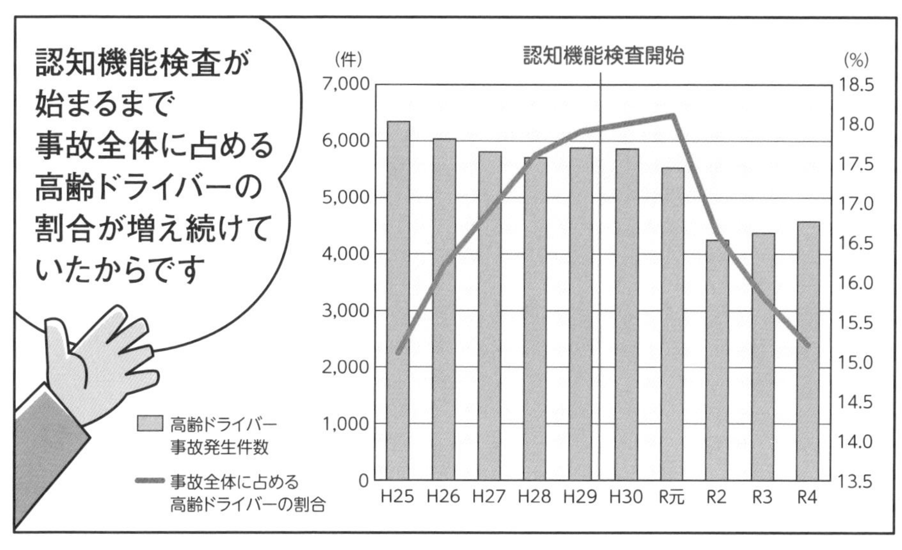
認知機能検査が始まるまで事故全体に占める高齢ドライバーの割合が増え続けていたからです
認知機能検査開始
(件)
7,000
6,000
5,000
4,000
3,000
2,000
1,000
0
(%)
18.5
18.0
17.5
17.0
16.5
16.0
15.5
15.0
14.5
14.0
13.5
H25 H26 H27 H28 H29 H30 R元 R2 R3 R4
高齢ドライバー事故発生件数
事故全体に占める高齢ドライバーの割合

事故発生の原因とされているのが認知機能の低下や認知症なんです
認知機能？

これが衰えると注意力や集中力、判断力が低下して事故につながります

テスト1

手がかり再生

16枚の絵を覚えて、その名称を記入します。

検査の目的

少し前に記憶したものを思い出せるか調べます。

テスト2

時間の見当識

検査当日の年月日、曜日、時間などを記入します。

検査の目的

「日時」を正しく認識する力に問題がないか調べます。

2つの段階に
分類？

※取り消しになる場合もあります

高齢者講習は教習所で
受講できるものだから、
不合格になることは
ないんだよな？
講義と運転適性検査、
実車指導だけなので
大丈夫です！

ただ
運転技能検査
では一発不合格が
ありますよ
えっ!?
一時停止や右折・左折、
信号通過などの簡単な
検査だからこそ、確実な
運転が求められるのです
止まれ
STOP

ちなみに赤信号で
横断歩道に入ったりすると
一発で不合格になります
うわっ?

でも一定の違反行為がなければ
検査は免除されるので
心配しなくていいですよ!

よかった!

よし!
次もその次も
無事故・無違反で
運転免許を
更新し続けるぞ!

目次

※本書は認知症に関する診断書などを提出せず、受検によって免許更新することを目的に制作しています。

第1章

認知機能検査って何？

認知機能検査の流れを知る

75歳以上の方が運転免許を更新するには、認知機能検査を必ず受けなければなりません。まずはその流れを解説しましょう。

図1 運転免許更新時の認知機能検査の流れ

75歳以上

過去3年間に
一定の違反行為なし
①＋②を
受検・受講

①認知機能検査を
受検
(1,050円)

認知症の
おそれなし

認知症の
おそれあり

過去3年間に
一定の違反行為
(P.20～22) あり
①＋②＋③を
受検・受講

③運転技能検査を
受検 (3,550円)
※繰り返し受検可

①認知機能検査と②高齢者講習は、どちらを先に受けてもかまいません。
③運転技能検査の対象となった方も、①や②から受けることはできますが、③では不合格になることもありえるので、先に③に合格してから①や②に進むことをお勧めします。

②高齢者講習を受講
(6,450円)
- 講義(座学)
  ＋運転適性検査(約1時間)
- 実車指導(約1時間)

→ 運転免許更新(2,500円)

認知症でない ↑

医師または主治医などの診断書 → (認知症と診断) → 運転免許停止または取り消し

更新期間終了までに合格せず → 運転免許更新せず

違反行為をした場合の運転技能検査の流れ

75歳以上で「一定の違反行為」をすると「運転技能検査」を受けなければなりません。一定の違反行為については20ページで解説してあります。

図2　運転技能検査の流れ

③運転技能検査

教習所または運転免許センターで
車を走らせて受検

100点満点からの減点方式で採点を行う

- 速度超過　－10点
- 一時不停止　－20点（大）、－10点（小）
- 脱輪　－20点
- 信号無視　－40点（大）、－10点（小）
- 逆走（右側通行）　－40点（大）、－10点（小）　など運転技能検査は最寄りの運転免許センターや教習所などで受検できます。「一定の違反行為」をしていない方は受検する必要はありません。

合格
(70点以上)

①認知機能検査と
②高齢者講習へ

大きな信号無視や逆走は一発で不合格

不合格
(70点未満)

再受検する（再受検のたびに3,550円かかる）

※教習所で受検する場合、手数料は教習所ごとに異なります

認知機能検査の内容

75歳以上となる方が運転免許証の更新をする場合、認知機能検査と高齢者講習を受けなければなりません。通知を受けたら早めに検査の予約をしましょう。

◉検査の内容

検査時間	約30分
検査場所	指定の自動車教習所、警察署など（要予約）
手数料	1,050円（非課税）
持ち物	通知のはがき、筆記用具（黒ボールペン）、手数料、メガネ・補聴器など

テスト1　手がかり再生

検査時間約14分

16枚の絵を覚えて、その名称を記入します。

検査目的

少し前に記憶したものを思い出せるか調べます。

テスト2　時間の見当識（けんとうしき）

検査時間約３分

検査当日の年月日、曜日、時間などを記入します。

検査目的

「日時」を正しく認識する力に問題がないか調べます。

高齢者講習の受講期間（75歳以上の場合）

免許証の有効期間が満了する日の６か月前から受けることができます。有効期間の満了日までに受講してください。

◉ 5月1日が誕生日の方の場合

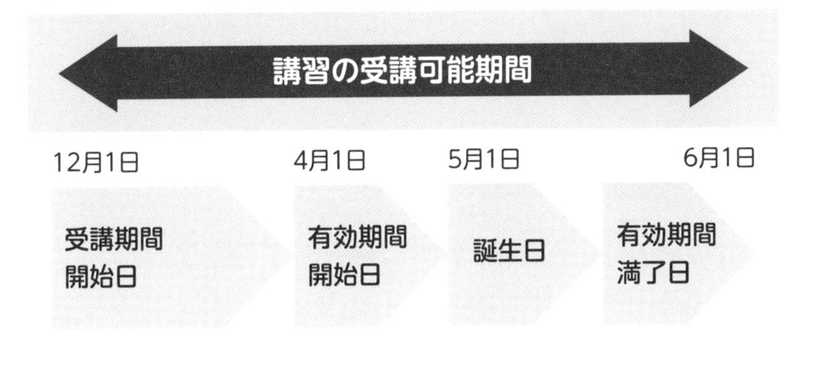

有効期間満了日が日曜・祝日の場合は、
その翌日までとなります。

高齢者講習の内容と流れ

認知機能検査で認知症のおそれなしと判断され、高齢者講習の終了証明を受け取れば、運転免許証の更新が可能になります。

◉高齢者講習の具体的な内容

① 座学学習（双方向型講義）：30分

交通事故の状況や安全運転の知識、高齢者による事故の特徴などについての講義が行われます。

② 運転適性検査：30分

夜間視力や動体視力、視野などについて専用の機材を用いて検査します。

③ 実車による指導：1時間

教習所などのコース内を実際に運転しての指導が行われます。危険な癖などがあれば指導されます。

※講習内容は受講する場所によって若干異なる場合があります

認知機能検査の予約から受検の流れ

運転免許の更新期間満了日の6か月前から認知機能検査と高齢者講習を受けることができます。お知らせが届いてから受検するまでの流れを説明します（一定の違反行為がない場合）。

① 通知のはがきが届く

↓

② 認知機能検査を電話またはWEBで予約

↓

③ 予約日に会場に行く

↓

④ 検査会場で事前説明を受ける

↓

⑤ 検査を受ける

↓

⑥ 検査結果を受け取る

① 通知のはがきが届く

免許証の有効期間が満了する約6か月前にお知らせのハガキが届きます。

② 認知機能検査を電話またはWEBで予約

通知のはがきに書かれた検査場所かナビダイヤル（TEL：0570-08-5285）に電話するか、24時間受付可能なWEB予約サイトにて予約します。まだ新型コロナウイルスの影響で予約が取りにくい状況が続いているのでお早めに！　受検には手数料がかかります（1,050円）。

③ 予約日に会場に行く

会場には、時間に余裕を持って出かけましょう。通知のはがき、手数料、筆記用具、メガネなど（必要な方）、運転免許証を持参しましょう。

④ 検査会場で事前説明を受ける

受付時間までに窓口で必要事項を記入します。検査会場では検査に関する注意事項の説明があります。

⑤ 検査を受ける

所要時間は30分程度です。

⑥ 検査結果を受け取る

検査結果は、終了後30分くらいでわかります。当日の受け取りを希望なら待ち時間のあと、書面で通知されます。

2022（令和4）年10月11日以前は、最初に認知機能検査を受けなければいけませんでしたが、10月12日以降は受ける順番は自由になりました。

運転技能検査の対象になる一定の違反行為とは？

75歳以上の運転免許を持っている方が「認知機能が低下した場合に行われやすい一定の違反行為」をした場合、運転技能検査を受けなければなりません。以下の11の違反が対象となります。

1. 信号無視

例：赤信号で交差点に進入した

2. 通行区分違反

例：反対車線へはみ出して運転した。逆走した

3. 通行帯違反等

例：追越車線を進行し続けた。路線バスが接近してきたときに優先通行帯から出なかった

4. 速度超過

例：最高速度を超える速度で運転した

5. 横断等禁止違反

例：＜法定横断等禁止違反＞
他の車両等の交通を妨害するおそれのあるときに横断、転回、後退をした

例：<指定横断等禁止違反>
道路標識等により横断、転回または後退が禁止されている場所で横断、転回、後退をした

6. 踏切不停止等・遮断踏切立入り

例：踏切の直前で停止せずに通過した。遮断機が閉じようとしているときに踏切に入った

7. 交差点右左折方法違反等

例：<交差点右左折方法違反>
左折時にあらかじめ道路の左側端に寄らない

例：<環状交差点左折等方法違反>
環状交差点での右左折時にあらかじめ道路の左側端に寄らない

8. 交差点安全進行義務違反等

例：<交差点優先車妨害>
信号機のない交差点で左方から進行してくる車両の進行妨害をした

例：<優先道路通行車妨害等>
信号機のない交差点で優先道路を通行する車両の進行妨害をした

例：<交差点安全進行義務違反>
交差点進入時・通行時における安全を確認しなかった

例：＜環状交差点通行車妨害等＞
環状交差点内を通行する車両の進行妨害をした

例：＜環状交差点安全進行義務違反＞
環状交差点進入時・通行時における安全を確認しなかった

9. 横断歩行者等妨害等

例：横断歩道を通行している歩行者の通行妨害

10. 安全運転義務違反

例：前方不注意、安全不確認等

11. 携帯電話使用等

例：携帯電話を保持して通話してしまった

これらで違反すると、運転技能検査を必ず受けなければなりません。

認知機能検査について、よくある質問と回答

認知機能検査や運転免許証の返納などでよくある質問について、お答えします。

問1 運転免許証の更新がしたいのですが、普段、車を運転することはありません。それでも検査を受けなければならないのですか。

たとえ、普段、車を運転していなくても、75歳以上の方が運転免許証を更新するためには、検査を受けることが必要です。なお本当に運転することがなく、身分証明書として免許証が必要なのであれば、代用となる運転経歴証明書に切り替える手もあります。

問2 検査を受けないで、運転免許証を更新することはできますか。

更新期間が満了する日の年齢が75歳以上の方は、検査を受検しないと検査の結果に応じた高齢者講習を受講できないので、運転免許証の更新が行えません。

問3 「記憶力・判断力が低くなっています」との検査結果でしたが、検査は、何回でも受けることができますか。

検査は何回でも受けることができますが、受けるたびに手数料がかかります。

「記憶力・判断力が低くなっています」という検査結果の方が、免許証を更新し、再び検査を受け、「記憶力・判断力が少し低くなっています」または「記憶力・判断力に心配ありません」となった場合は、診断書提出命令の対象にはなりません。

問4 検査の結果、「記憶力・判断力が低くなっています」と判定されたのですが、私は認知症なのですか。

検査は、検査を受けた方が、記憶力・判断力が低くなっているかどうかを簡易に確認するもので、医学的な診断を行うものではありません。

検査の結果、「記憶力・判断力が低くなっています」と判定されても、認知症であるというわけではありませんが、医師やご家族にご相談されることをお勧めします。

問5 **検査の結果、「記憶力・判断力が低くなっています」と判定されたのですが、運転免許証が更新できなくなったり、免許を取り消されたりするのですか。**

検査の結果、「記憶力・判断力が低くなっています」と判定されても、運転免許証の更新をすることはできますし、ただちに免許が取り消されるわけではありません。

ただし、公安委員会（警察）の通知により、認知症について臨時適性検査（専門医の診断）を受けるか、診断書提出命令により医師の診断書を提出しなければなりません。診断の結果によっては、聴聞などの手続のうえで運転免許の取り消しなどがなされます。

問6 **検査の結果、「記憶力・判断力が低くなっています」と判定されたのですが、これからも運転してもよいですか。**

検査の結果、「記憶力・判断力が低くなっています」と判定された方であっても、ただちに運転免許が取り消されるわけではありません。

ただし、記憶力・判断力が低下すると、信号無視や一時不停止の違反をしたり、進路変更の合図が遅れたりする傾向が見られます。今後の運転について十分注意するとともに、医師やご家族にご相談することをお勧めします。

問7　検査の結果、「記憶力・判断力が少し低くなっています」と判定されたのですが、認知症ではないのですか。また、将来、認知症になるのですか。

検査は現在の記憶力・判断力の状況を簡易的に示すもので、将来を予測するものではありませんが、認知症のなかには、時間の経過により進行するものもあります。ご心配がある場合には、一度、医師に相談されることをお勧めします。

問8　検査で、「記憶力・判断力が低くなっています」、あるいは「記憶力・判断力が少し低くなっています」と判定され、運転することが不安なのですが、どこに相談したらいいですか。

運転に不安がある方などの相談窓口として、運転免許試験場などで、運転適性相談を行っていますのでご相談ください。また、認知症については、医師にご相談されることをお勧めします。

問9　私の父（母）は認知症です。免許を取り消してほしいのですが、どこに相談すればいいですか。

運転免許試験場・センターなどに設置されている運転適性相談窓口や、お近くの警察署に相談してください。

問10 検査を受けずに運転免許証を返納したいのですが、返納の手続を教えてください。

身体能力の低下を理由として車の運転をやめたいという方は、申請により、運転免許を取り消すことができます。この場合、例えば、大型免許を保有している方が、大型免許の取り消しを申請して、普通免許を残すということもできます。

また、自らの意思により、運転免許の取り消しを申請し、その運転免許を取り消された方は、身分証明書的な機能を持ち合わせた、運転経歴証明書の交付を申請することができます。具体的な手続については、お近くの警察署にお問い合わせください。

以前の運転経歴証明書は交付後6か月を経過してしまうと、銀行などで本人と確認するための書類として用いることはできませんでしたが、平成24年4月1日以後に交付された同証明書は永年有効のものとなりました。

コラム サポカー限定免許って何？

サポカーとは「セーフティ・サポートカー」の略称で、衝突被害軽減ブレーキやペダル踏み間違い時の加速抑制装置などの運転支援機能を備えた車のことです。2022（令和4）年5月に、サポカーに限って運転することができる「サポカー限定免許（正式名称：安全運転サポート車等限定条件付免許）」が導入されましたので、免許更新時に希望すればこちらに切り替えることができます。「免許の返納は現実的に難しい。でも、事故は絶対に起こしたくない！」という方には、サポカー＋サポカー限定免許という選択肢は十分ありえるでしょう。

ただ切り替え後にサポカー以外を運転すると違反となりますから、家族や親戚、友人のサポカーではない車を運転することはできなくなりますので、この点は注意が必要です。

第2章

認知機能検査一発合格のためのアドバイス

認知機能検査の特徴を知り、一発合格を目指そう！

これから練習問題を始めますが、最初にテストの特徴と気を付けたい点を確認しておいてください。

◉認知機能検査の目的と内容を知っておこう

検査で出題される2つのテストは「手がかり再生」「時間の見当識」です。これらのテストで認知機能がきちんとしているか調べていきます。1回で合格を勝ち取るために、本書と同じ問題を見て、4日分の練習問題を解いて、慣れておいてください。

テスト　手がかり再生

内容

動物や果物など16枚の絵を見せられるので、それらを覚えて名称を回答していくテストです。回答は2回行えます。1回目はヒントなし、2回目はヒントありで回答していきます。点数配分が6割と重視されるテストです。

検査目的

このテストでは、少し前に覚えたものを思い出す「短期記憶」

に問題がないか調べます。ヒントがあっても思い出せない場合は、認知機能が低下している可能性があります。

手がかり再生（介入課題）

内容

不規則に並べられた数字の中から、指定された数字に斜線を引いていきます。

検査目的

これは認知機能を検査するのではなく、先ほど記憶した絵を忘れさせるために行われます。このテストは採点されません。

テスト　時間の見当識（けんとうしき）

内容

受検当日の年月日と曜日、時間を記入します。

検査目的

自分が置かれている状況（現在の年月日、時刻、場所など）を正しく認識できているかをチェックします。「時間の見当識」では、日時を把握する能力について調べます。

認知機能検査検査用紙

名前	
生年月日	大正 昭和　　年　　月　　日

諸注意

1　指示があるまで、用紙はめくらないでください。

2　答を書いているときは、声を出さないでください。

3　質問があったら、手を挙げてください。

認知機能検査検査用紙　書き方例

認知機能検査検査用紙

名前	秀和　太郎
生年月日	大正 / (昭和) 21年　12月　15日

名前や生年月日を書き間違えてもあせる必要はありません。間違えたところを二重線で訂正し、書き直せば大丈夫です。ただし、消しゴムは使わないでください。

検査の流れと内容

最初の検査では動物や果物など、一度に4枚の絵、計16枚の絵を見せられます。あとで何の絵があったかを答えるので、よく覚えてください。時間は1枚につき約1分です。

① 16枚の絵を見せられるので記憶します

② 問題用紙1（介入課題）

指示された数字に斜線を引き問題を回答します。

＊採点されません。覚えた絵を忘れさせるために行われます。

③ 問題用紙2

16枚の絵の名称を回答していきます。ヒントはありません。回答の順番は問われません。また、回答は「漢字」でも、「ひらがな」でも、「カタカナ」でもかまいません。できるだけ全部書いてください。

④ 問題用紙3

16枚の絵の名称を回答していきます。2回目は回答用紙にヒントが書かれています。ヒントを手がかりに絵を思い出し、できるだけ全部書いてください。

⑤ 問題用紙4

5つの質問に対する答えを回答していきます。よくわからなくても、なんらかの答えを記入してください。

手がかり再生　イラストの記憶

16枚の絵を見てもらいます。あとで何の絵があったか答えていただきますので、よく覚えてください。絵を覚えるためのヒントも書かれていますので、ヒントを手がかりに覚えてください。

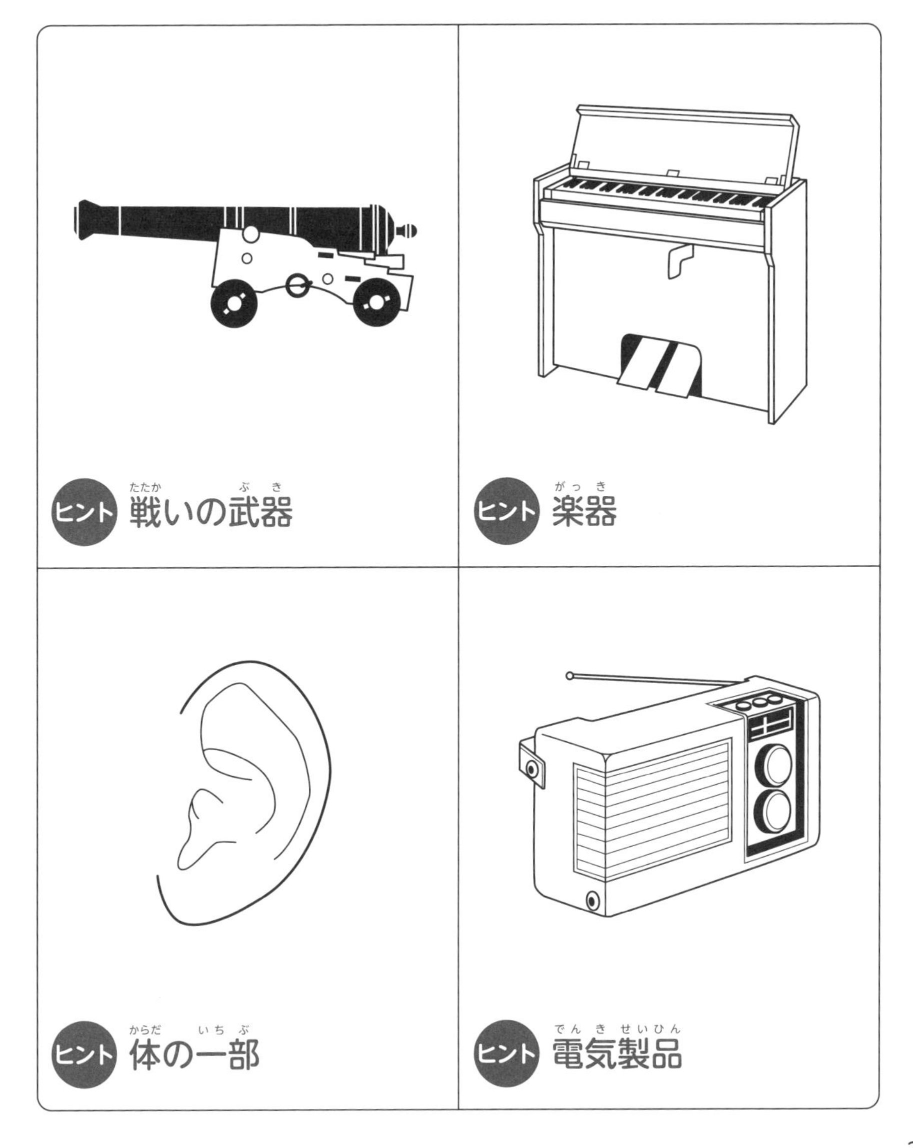

この問題は検査員が16枚の絵について、ヒントを交えながら説明します。口頭で説明するので、絵の描かれた問題用紙はありません。

次のページの絵も覚えていきましょう。➡

覚えられたか不安になっても、前のページに戻らないでください。

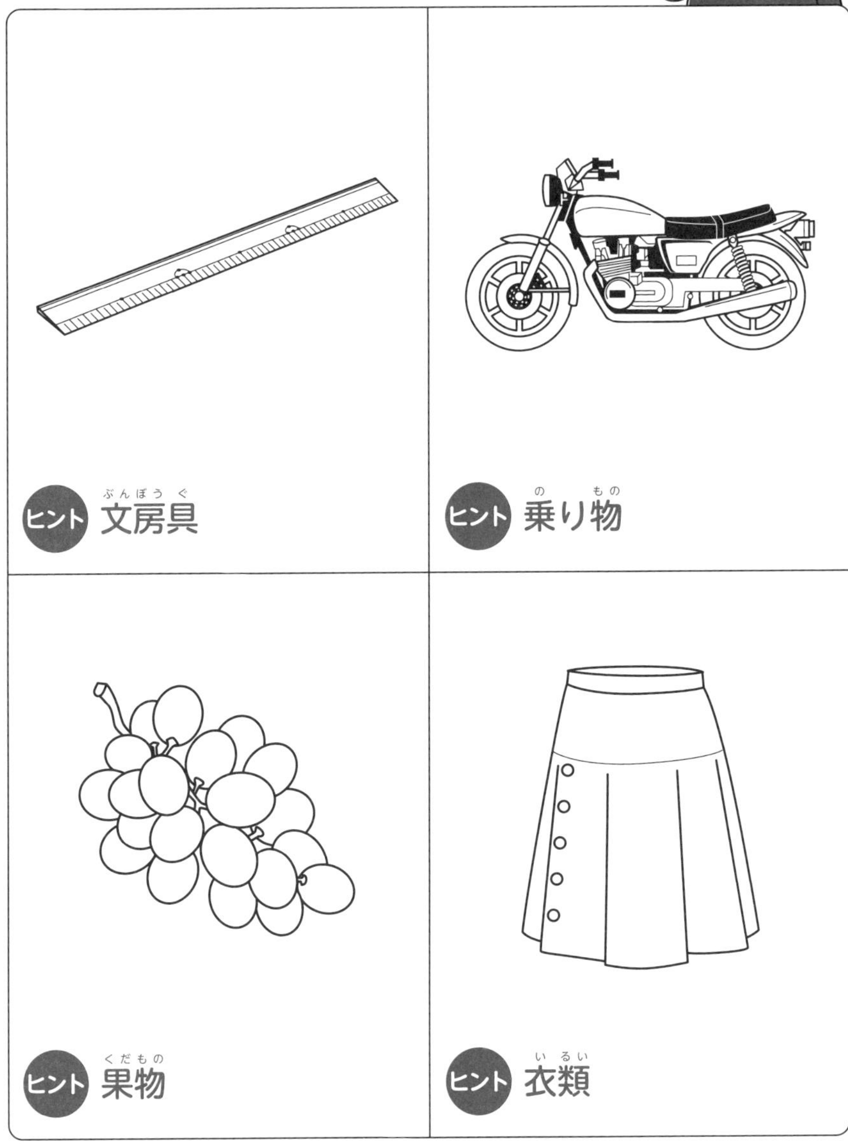

次のページの絵も覚えていきましょう。➡

ヒント 鳥（とり）
ヒント 花（はな）
ヒント 大工道具（だいくどうぐ）
ヒント 家具（かぐ）

介入課題　問題用紙1

　これから、たくさん数字が書かれた表が出ますので、私が指示をした数字に斜線を引いてもらいます。

　例えば、「1と4」に斜線を引いてください と言ったときは、

→

~~4~~	3	~~1~~	~~4~~	6	2	~~4~~	7	3	9
8	6	3	~~1~~	8	9	5	6	~~4~~	3

と例示のように順番に、見つけただけ斜線を引いてください。

※ 指示があるまでめくらないでください。

読み終えたら、次のページに進んでください。➡

回答用紙 1

まず1と9に斜線を引いてください。
引き終えたら、同じ用紙の4と5と8に斜線を引いてください。

→

9	3	2	7	5	4	2	4	1	3
3	4	5	2	1	2	7	2	4	6
6	5	2	7	9	6	1	3	4	2
4	6	1	4	3	8	2	6	9	3
2	5	4	5	1	3	7	9	6	8
2	6	5	9	6	8	4	7	1	3
4	1	8	2	4	6	7	1	3	9
9	4	1	6	2	3	2	7	9	5
1	3	7	8	5	6	2	9	8	4
2	5	6	9	1	3	7	4	5	8

※ 指示があるまでめくらないでください。

引き終えたら、次のページに進んでください。➡

自由回答　問題用紙2

少し前に、何枚かの絵をお見せしました。

何が描かれていたのかを思い出して、できるだけ全部書いてください。

※ 指示があるまでめくらないでください。

回答中は前のページに戻って、絵を見ないようにしてください！

回答用紙 2

1.	9.
2.	10.
3.	11.
4.	12.
5.	13.
6.	14.
7.	15.
8.	16.

※ 指示があるまでめくらないでください。

書き終えたら、次のページに進んでください。➡

手がかり回答　問題用紙3

今度は、回答用紙にヒントが書いてあります。

それを手がかりに、もう一度、何が描かれていたのかを思い出して、できるだけ全部書いてください。

※ 指示があるまでめくらないでください。

読み終えたら、次のページに進んでください。➡

回答用紙 3

1. 戦いの武器

2. 楽器

3. 体の一部

4. 電気製品

5. 昆虫

6. 動物

7. 野菜

8. 台所用品

9. 文房具

10. 乗り物

11. 果物

12. 衣類

13. 鳥

14. 花

15. 大工道具

16. 家具

※ 指示があるまでめくらないでください。

手がかり再生のアドバイス

手がかり再生の1回目は、ヒントなしで回答します。2回目はヒントありで回答します。

① 回答の順番は問いません。

② 回答は「漢字」でも、「ひらがな」でも、「カタカナ」でもかまいません。

③ 思い出せるもの、できるだけすべてを書いてください。

④ 記憶力についてのテストなので、文字に誤りや抜けがあっても問題ありません。思い出せたものから書いていきましょう。

⑤ 実際のテストでは、検査員が絵を提示します。みなさんの手元に、絵が描かれた用紙はありません。絵が見えづらいときは、検査員に伝えましょう。

⑥ 間違えた場合は、二重線を引いて訂正してください。

問題用紙3　回答例

1．戦（たたか）いの武器（ぶき）
大砲

2．楽器（がっき）
オルガン

3．体（からだ）の一部（いちぶ）
耳

4．電気製品（でんきせいひん）
ラジオ

5．昆虫（こんちゅう）
てんとう虫

6．動物（どうぶつ）
ライオン

7．野菜（やさい）
タケノコ

8．台所用品（だいどころようひん）
フライパン

9．文房具（ぶんぼうぐ）
ものさし

10．乗（の）り物（もの）
オートバイ

11．果物（くだもの）
ぶどう

12．衣類（いるい）
スカート

13．鳥（とり）
にわとり

14．花（はな）
バラ

15．大工道具（だいくどうぐ）
ペンチ

16．家具（かぐ）
ベッド

時間の見当識　問題用紙4

この検査には、5つの質問があります。

左側に質問が書いてありますので、それぞれの質問に対する答を右側の回答欄に記入してください。

答が分からない場合には、自信がなくても良いので思ったとおりに記入してください。空欄とならないようにしてください。

※ 指示があるまでめくらないでください。

回答用紙 4

以下の質問にお答えください。

質問	回答
今年は何年ですか？	年
今月は何月ですか？	月
今日は何日ですか？	日
今日は何曜日ですか？	曜日
今は何時何分ですか？	時　分

回答用紙4　書き方例

以下の質問にお答えください。

質　問	回　答
今年は何年ですか？	2023 年
今月は何月ですか？	10 月
今日は何日ですか？	27 日
今日は何曜日ですか？	金 曜日
今は何時何分ですか？	2 時 45 分

「今年は何年ですか？」の回答は、西暦でも和暦（元号）でもかまいません。事前にどちらで答えるか決めておきましょう。検査では時計や携帯電話を見ることができません。書き間違えた場合は、二重線を引いて書き直しましょう。

採点はどのように決まる？
テスト1　手がかり再生

得点

最大32点

採点

① 自由回答のみ正解の場合：2点

② 手がかり回答のみ正解の場合：1点

③ 自由回答、手がかり回答のどちらも正解の場合：2点

・両方正解しても3点にはなりません。

採点例

自由回答		手がかり回答		
1. 耳	○	1. 体の一部	足	×

自由回答のみ正解1つ：2点×1　➡2点

自由回答		手がかり回答		
2. トラ	×	2. 動物	ライオン	○

手がかり回答のみ正解1つ：1点×1　➡1点

自由回答		手がかり回答		
3. ベッド	○	3. 家具	ベッド	○

自由回答、手がかり回答のどちらも正解：2点×1　➡2点

・両方正解でも3点にはなりません。

自由回答		手がかり回答		
4. 机	×	4. 果物	メロン、ぶどう	×

自由回答、手がかり回答のどちらも不正解：0点×2➡0点

採点はどのように決まる？
テスト2　時間の見当識

得点

最大15点

問題	正解した場合の点数
年	5点
月	4点
日	3点
曜日	2点
時間	1点

説明

この問題の正解は検査した年月日と曜日、検査を開始した時刻の前後30分以内の時間になります。「年」「月」「日」「曜日」「時間」をそれぞれ採点し、合計した点が得点となります。

書き方で注意すべきポイントをお教えします。

今年は何年ですか？ ➡ 回答例 2023 年

注意：西暦でも和暦でもどちらでもかまいません。和暦の場合、検査時の元号以外の元号を用いた場合、不正解になります。

今月は何月ですか？ ➡ 回答例 10 月

今日は何日ですか？ ➡ 回答例 27 日

今日は何曜日ですか？ ➡ 回答例 金 曜日

注意：回答が空欄の場合は、不正解となります。

今は何時何分ですか？ ➡ 2 時 45 分

注意：検査開始時刻より30分以上ずれている場合は不正解です。ただし「午前、午後」の記載はなくてもかまいません。

総合点を出して、判定をしてみよう

2つの問題の答え合わせと採点が終わったら、2つの問題の点数を下記のように計算して総合点を出します。この総合点の結果で、「認知機能」が2段階に判定されます。

① 手がかり再生：

あなたの得点　　点 × 2.499 ➡　　点

② 時間の見当識：

あなたの得点　　点 × 1.336 ➡　　点

総合点　　点

※小数点以下は切り捨ててください

判定結果

総合点が36点未満 ➡ 認知症のおそれあり

総合点が36点以上 ➡ 認知症のおそれなし

スピード採点表

各テストのかけ算が大変な場合は、下の早見表を使って2つの問題の点数を足し、総合点を出してください。

点数	手がかり再生
0	0
1	2.499
2	4.998
3	7.497
4	9.996
5	12.495
6	14.994
7	17.493
8	19.992
9	22.491
10	24.99
11	27.489
12	29.988
13	32.487
14	34.986
15	37.485
16	39.984

点数	手がかり再生
17	42.483
18	44.982
19	47.481
20	49.98
21	52.479
22	54.978
23	57.477
24	59.976
25	62.475
26	64.974
27	67.473
28	69.972
29	72.471
30	74.97
31	77.469
32	79.968

点数	時間の見当識
0	0
1	1.336
2	2.672
3	4.008
4	5.344
5	6.68
6	8.016
7	9.352
8	10.688
9	12.024
10	13.36
11	14.696
12	16.032
13	17.368
14	18.704
15	20.04

総合点

手がかり再生　　　点　＋　時間の見当識　　　点 ➡ 　　　点

メモ（ご自由にお使いください）

第3章

4日間
短期集中レッスン！
認知機能検査

練習問題
1日目

手がかり再生
イラストの記憶

　何枚かの絵を見てもらいます。あとで何の絵があったかすべて答えていただきますので、よく覚えてください。絵を覚えるためのヒントも書かれていますので、ヒントを手がかりに覚えてください。

検査員が16枚の絵についてヒントを交えて説明します。実際の検査では、口頭で説明するため絵の描かれた問題用紙はありません。次のページに描かれている絵も覚えてください。

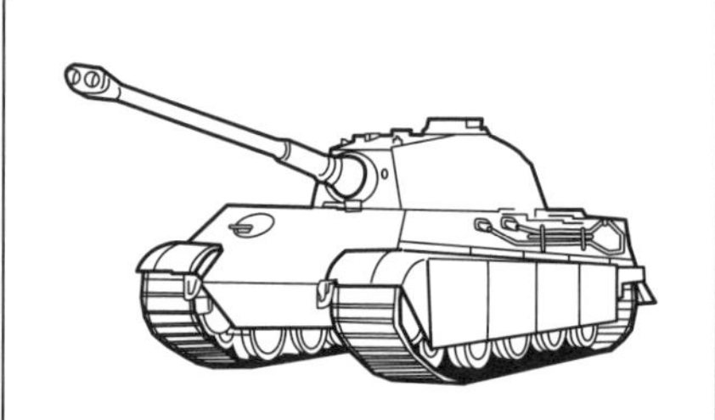

戦いの武器

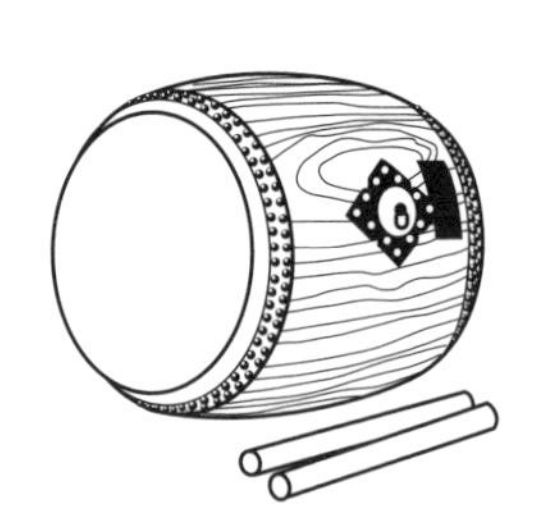

楽器

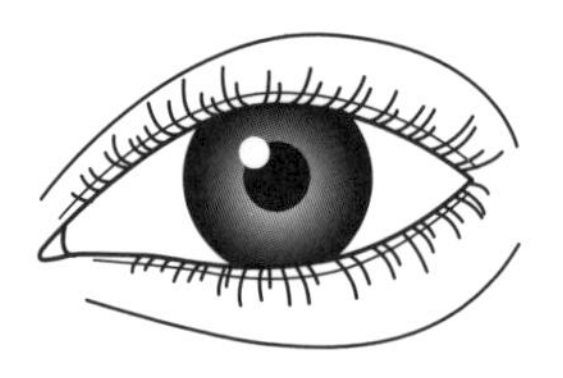

体の一部

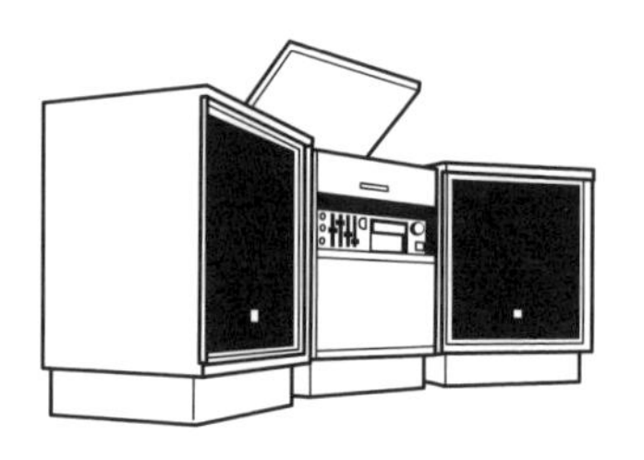

電気製品

手がかり再生
イラストの記憶

ヒントを手がかりにすべての絵を覚えてください。

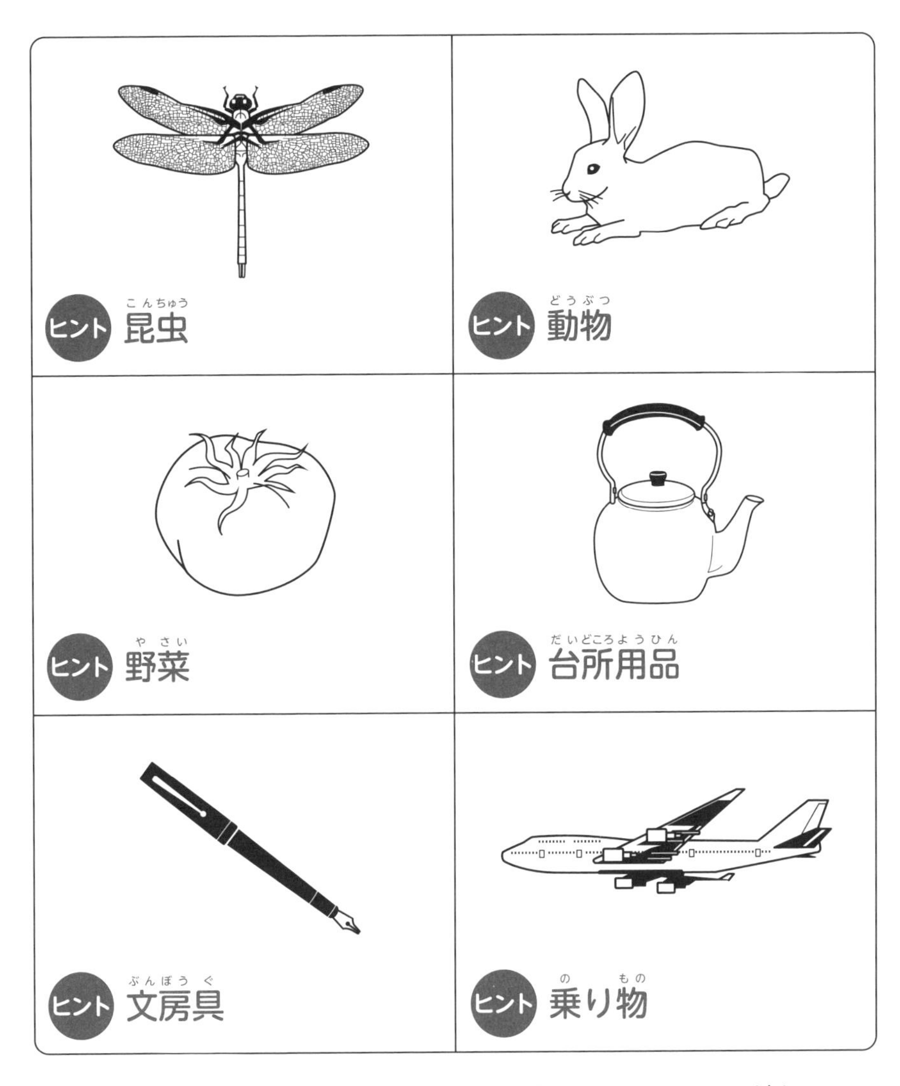

覚えたかどうか確認するために、前のページには戻らないでください。

手がかり再生
イラストの記憶

ヒントを手がかりにすべての絵を覚えてください。

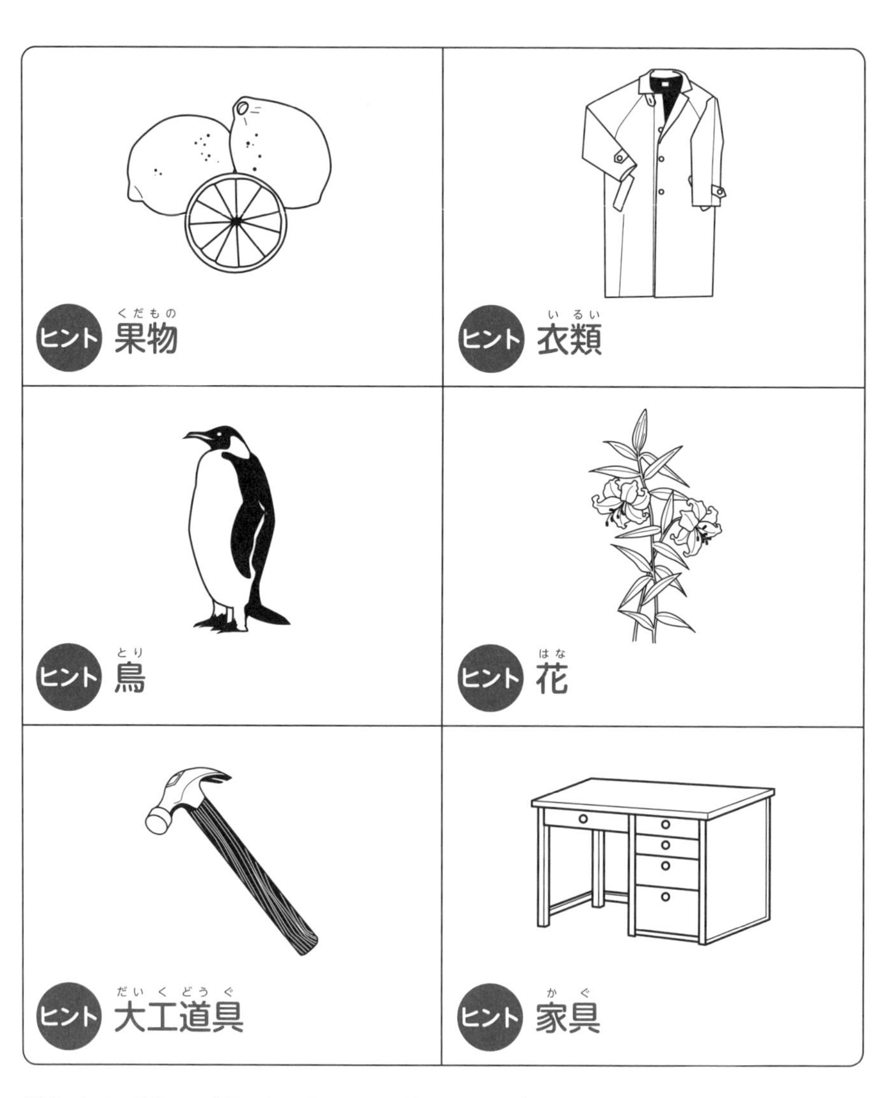

覚えたかどうか確認するために、前のページには戻らないでください。

問題用紙1
介入課題

これから、たくさん数字が書かれた表が出ますので、私が指示をした数字に斜線を引いてもらいます。

例えば、「1と4」に斜線を引いてくださいと言ったときは、

→

~~4~~	3	~~1~~	~~4~~	6	2	~~4~~	7	3	9
8	6	3	~~1~~	8	9	5	6	~~4~~	3

と例示のように順番に、見つけただけ斜線を引いてください。

読み終えたら、次のページに進んでください。➡

練習問題
1日目

回答用紙1
介入課題

回答時間：30秒×2回

まず4と8に斜線を引いてください。
引き終えたら、同じ用紙の2と5と9に斜線を引いてください。

→

9	3	2	7	5	4	2	4	1	3
3	4	5	2	1	2	7	2	4	6
6	5	2	7	9	6	1	3	4	2
4	6	1	4	3	8	2	6	9	3
2	5	4	5	1	3	7	9	6	8
2	6	5	9	6	8	4	7	1	3
4	1	8	2	4	6	7	1	3	9
9	4	1	6	2	3	2	7	9	5
1	3	7	8	5	6	2	9	8	4
2	5	6	9	1	3	7	4	5	8

引き終えたら、次のページに進んでください。➡

練習問題
1日目

問題用紙2
自由回答

少し前に、何枚かの絵をお見せしました。

何が描かれていたのかを思い出して、できるだけ全部書いてください。

- 前のページに戻って絵を見ないようにしてください。
- 回答の順番は問いません。
- 回答は漢字でも、ひらがなでも、カタカナでもかまいません。
- 間違えた場合は、二重線を引いて訂正してください。

読み終えたら、次のページに進んでください。➡

練習問題
1日目

回答用紙2
自由回答

回答時間：3分30秒

1.	9.
2.	10.
3.	11.
4.	12.
5.	13.
6.	14.
7.	15.
8.	16.

書き終えたら、次のページに進んでください。➡

練習問題
1日目

問題用紙3
手がかり回答

今度(こんど)は、回答用紙(かいとうようし)にヒントが書(か)いてあります。

それを手(て)がかりに、もう一度(いちど)、何(なに)が描(か)かれていたのかを思(おも)い出(だ)して、できるだけ全部(ぜんぶ)書(か)いてください。

回答は1つだけです。2つ以上書かないでください。
・回答は漢字でも、ひらがなでも、カタカナでもかまいません。
・間違えた場合は、二重線を引いて訂正してください。

練習問題 1日目

回答用紙3
手がかり回答

回答時間：3分30秒

1．戦いの武器	9．文房具
2．楽器	10．乗り物
3．体の一部	11．果物
4．電気製品	12．衣類
5．昆虫	13．鳥
6．動物	14．花
7．野菜	15．大工道具
8．台所用品	16．家具

書き終えたら、次のページに進んでください。➡

練習問題 1日目

回答用紙4
時間の見当識

回答時間：3分

何年の回答は、西暦でも和暦でもかまいません。和暦とは元号を使った言い方です。「何年」は「なにどし」ではないので、干支で答えないでください。

以下の質問にお答えください。

質問	回答
今年は何年ですか？	年
今月は何月ですか？	月
今日は何日ですか？	日
今日は何曜日ですか？	曜日
今は何時何分ですか？	時　　分

書き終えたら、次のページに進んでください。➡

練習問題
1日目

1日目の回答と解説

1日目の練習問題の答え合わせをしましょう。そのあと、採点結果によって判定をします。

時間の見当識

最大15点

問題	正解した場合の点数
年	5点
月	4点
日	3点
曜日	2点
時間	1点

あなたの得点

点

解説

この問題は検査した年月日と曜日、検査を開始した時刻の前後30分以内の時間が書かれていれば正解となります。「年・月・日・曜日・時間」をそれぞれ採点して、合計得点を出します。

今日の「年」「月」「日」「曜日」をカレンダーで確認して採点しましょう！

今年は何年ですか？　➡

- 西暦でも和暦でもどちらでもかまいません。和暦の場合、検査時の元号以外の元号を用いた場合、不正解になります。

今月は何月ですか？　➡
今日は何日ですか？　➡
今日は何曜日ですか？　➡

- 回答が空欄の場合は、不正解となります。

手がかり再生

最大32点

	ヒント	正解	自由回答	手がかり回答	得点
1	戦いの武器	戦車			
2	楽器	太鼓			
3	体の一部	目			
4	電気製品	ステレオ			
5	昆虫	トンボ			
6	動物	ウサギ			
7	野菜	トマト			
8	台所用品	ヤカン			
9	文房具	万年筆			
10	乗り物	飛行機			

	ヒント	正解	自由回答	手がかり回答	得点
11	果物	レモン			
12	衣類	コート			
13	鳥	ペンギン			
14	花	ユリ			
15	大工道具	カナヅチ			
16	家具	机			

あなたの総得点　　　　点

・自由回答のみ正解の場合：1問正解で2点
・手がかり回答のみ正解の場合：1問正解で1点
・自由回答、手がかり回答のどちらも正解の場合：2点
・ヒントに回答が対応していない場合でも、正しい単語が書かれていれば正解です。

練習問題
1日目

1日目の総合点を出して、判定をしてみよう

2つの問題の答え合わせと採点が終わったら、2つの問題の点数を下記のように計算して総合点を出します。この総合点の結果で、「認知機能」が2段階に判定されます。

① 手がかり再生：

あなたの得点　　点 × 2.499 ➡ 　　点

② 時間の見当識：

あなたの得点　　点 × 1.336 ➡ 　　点

総合点　　点

※小数点以下は切り捨ててください

判定結果

総合点が36点未満 ➡ 認知症のおそれあり

総合点が36点以上 ➡ 認知症のおそれなし

練習問題
2日目

手がかり再生
イラストの記憶

何枚かの絵を見てもらいます。あとで何の絵があったかすべて答えていただきますので、よく覚えてください。絵を覚えるためのヒントも書かれていますので、ヒントを手がかりに覚えてください。

検査員が16枚の絵についてヒントを交えて説明します。実際の検査では、口頭で説明するため絵の描かれた問題用紙はありません。次のページに描かれている絵も覚えてください。

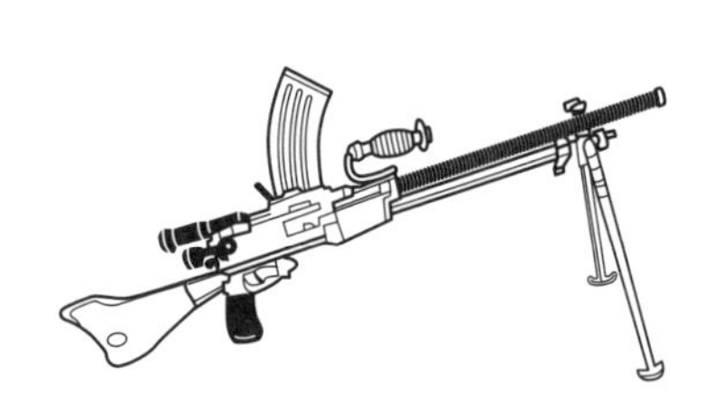

戦(たたか)いの武器(ぶき)

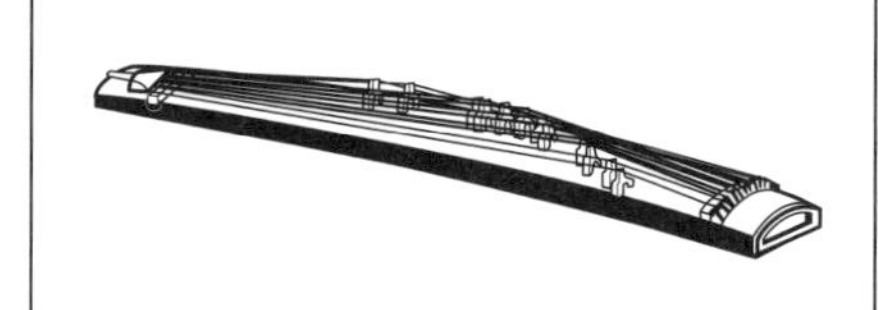

楽器(がっき)

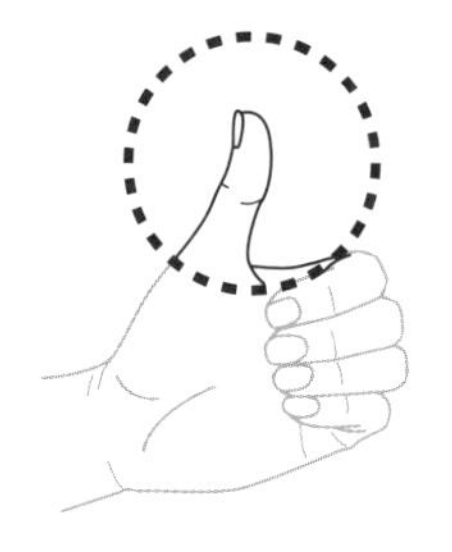

体(からだ)の一部(いちぶ)

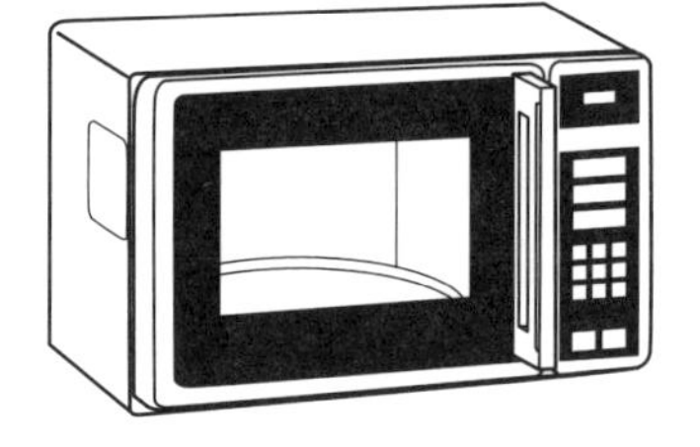

電気製品(でんきせいひん)

練習問題 2日目

手がかり再生
イラストの記憶

ヒントを手がかりにすべての絵を覚えてください。

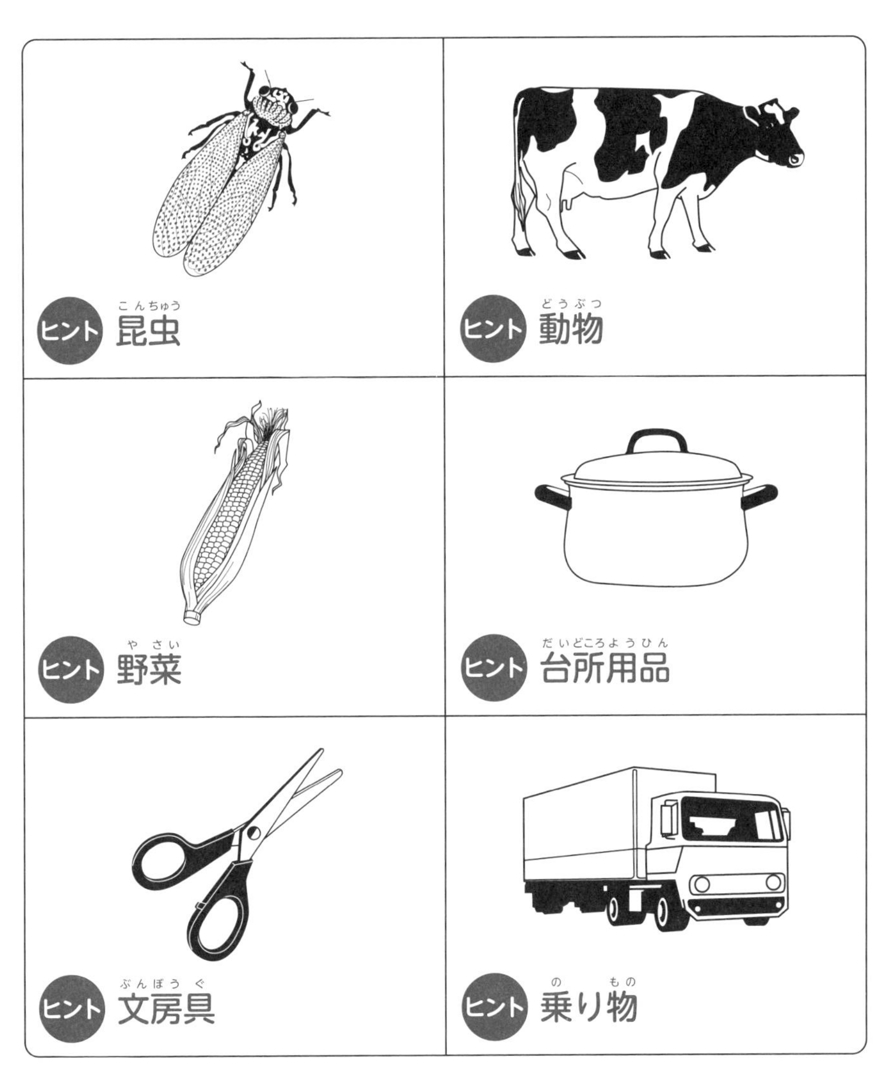

覚えたかどうか確認するために、前のページには戻らないでください。

手がかり再生
イラストの記憶

ヒントを手がかりにすべての絵を覚えてください。

覚えたかどうか確認するために、前のページには戻らないでください。

問題用紙1
介入課題

これから、たくさん数字が書かれた表が出ますので、私が指示をした数字に斜線を引いてもらいます。

例えば、「1と4」に斜線を引いてくださいと言ったときは、

→

~~4~~	3	~~1~~	~~4~~	6	2	~~4~~	7	3	9
8	6	3	~~1~~	8	9	5	6	~~4~~	3

と例示のように順番に、見つけただけ斜線を引いてください。

読み終えたら、次のページに進んでください。➡

練習問題
2日目

回答用紙1
介入課題

回答時間：30秒×2回

まず7と5に斜線を引いてください。
引き終えたら、同じ用紙の3と6と0に斜線を引いてください。

→

4	3	1	6	7	8	0	9	2	5
7	6	3	9	1	8	2	4	5	0
6	8	0	2	4	3	7	5	1	9
8	3	5	6	1	7	3	1	9	0
1	9	3	7	2	3	4	8	0	5
8	7	5	6	4	0	3	2	1	9
2	6	5	9	6	8	4	7	1	3
4	1	8	2	4	6	7	1	3	9
3	9	1	8	2	4	7	5	0	6
2	8	6	0	1	5	9	4	7	3

引き終えたら、次のページに進んでください。➡

練習問題 2日目

問題用紙2
自由回答

少し前に、何枚かの絵をお見せしました。

何が描かれていたのかを思い出して、できるだけ全部書いてください。

・前のページに戻って絵を見ないようにしてください。
・回答の順番は問いません。
・回答は漢字でも、ひらがなでも、カタカナでもかまいません。
・間違えた場合は、二重線を引いて訂正してください。

読み終えたら、次のページに進んでください。➡

練習問題
2日目

回答用紙2
自由回答

回答時間：3分30秒

1.	9.
2.	10.
3.	11.
4.	12.
5.	13.
6.	14.
7.	15.
8.	16.

書き終えたら、次のページに進んでください。➡

練習問題 2日目

問題用紙3
手がかり回答

今度は、回答用紙にヒントが書いてあります。

それを手がかりに、もう一度、何が描かれていたのかを思い出して、できるだけ全部書いてください。

回答は1つだけです。2つ以上書かないでください。

・回答は漢字でも、ひらがなでも、カタカナでもかまいません。

・間違えた場合は、二重線を引いて訂正してください。

練習問題 2日目

回答用紙3

手がかり回答

回答時間：3分30秒

1. 戦(たたか)いの武器(ぶき)
2. 楽器(がっき)
3. 体(からだ)の一部(いちぶ)
4. 電気製品(でんきせいひん)
5. 昆虫(こんちゅう)
6. 動物(どうぶつ)
7. 野菜(やさい)
8. 台所用品(だいどころようひん)
9. 文房具(ぶんぼうぐ)
10. 乗(の)り物(もの)
11. 果物(くだもの)
12. 衣類(いるい)
13. 鳥(とり)
14. 花(はな)
15. 大工道具(だいくどうぐ)
16. 家具(かぐ)

書き終えたら、次のページに進んでください。➡

練習問題 2日目

回答用紙4
時間の見当識

回答時間：3分

何年の回答は、西暦でも和暦でもかまいません。和暦とは元号を使った言い方です。「何年」は「なにどし」ではないので、干支で答えないでください。

以下(いか)の質問(しつもん)にお答(こた)えください。

質問(しつもん)	回答(かいとう)
今年(ことし)は何年(なんねん)ですか？	年(ねん)
今月(こんげつ)は何月(なんがつ)ですか？	月(がつ)
今日(きょう)は何日(なんにち)ですか？	日(にち)
今日(きょう)は何曜日(なんようび)ですか？	曜日(ようび)
今(いま)は何時(なんじ)何分(なんぷん)ですか？	時(じ)　　分(ふん)

書き終えたら、次のページに進んでください。➡

練習問題 2日目

2日目の回答と解説

2日目の練習問題の答え合わせをしましょう。そのあと、採点結果によって判定をします。

時間の見当識

最大15点

問題	正解した場合の点数
年	5点
月	4点
日	3点
曜日	2点
時間	1点

あなたの得点

______点

解説

この問題は検査した年月日と曜日、検査を開始した時刻の前後30分以内の時間が書かれていれば正解となります。「年・月・日・曜日・時間」をそれぞれ採点して、合計得点を出します。

今日の「年」「月」「日」「曜日」をカレンダーで確認して採点しましょう！

今年は何年ですか？　➡

- 西暦でも和暦でもどちらでもかまいません。和暦の場合、検査時の元号以外の元号を用いた場合、不正解になります。

今月は何月ですか？　➡
今日は何日ですか？　➡
今日は何曜日ですか？　➡

- 回答が空欄の場合は、不正解となります。

手がかり再生

最大32点

	ヒント	正解	自由回答	手がかり回答	得点
1	戦いの武器	機関銃			
2	楽器	琴			
3	体の一部	親指			
4	電気製品	電子レンジ			
5	昆虫	セミ			
6	動物	牛			
7	野菜	トウモロコシ			
8	台所用品	ナベ			
9	文房具	ハサミ			
10	乗り物	トラック			

	ヒント	正解	自由回答	手がかり回答	得点
11	果物	メロン			
12	衣類	ドレス			
13	鳥	クジャク			
14	花	チューリップ			
15	大工道具	ドライバー			
16	家具	椅子			

あなたの総得点　　　　点

・自由回答のみ正解の場合：1問正解で2点
・手がかり回答のみ正解の場合：1問正解で1点
・自由回答、手がかり回答のどちらも正解の場合：2点
・ヒントに回答が対応していない場合でも、正しい単語が書かれていれば正解です。

練習問題 2日目

2日目の総合点を出して、判定をしてみよう

2つの問題の答え合わせと採点が終わったら、2つの問題の点数を下記のように計算して総合点を出します。この総合点の結果で、「認知機能」が2段階に判定されます。

① 手がかり再生：

あなたの得点　　点 × 2.499 ➡ 　　点

② 時間の見当識：

あなたの得点　　点 × 1.336 ➡ 　　点

総合点　　点

※小数点以下は切り捨ててください

判定結果

総合点が36点未満 ➡	認知症のおそれあり
総合点が36点以上 ➡	認知症のおそれなし

練習問題 3日目

手がかり再生
イラストの記憶

　何枚かの絵を見てもらいます。あとで何の絵があったかすべて答えていただきますので、よく覚えてください。絵を覚えるためのヒントも書かれていますので、ヒントを手がかりに覚えてください。

検査員が16枚の絵についてヒントを交えて説明します。実際の検査では、口頭で説明するため絵の描かれた問題用紙はありません。次のページに描かれている絵も覚えてください。

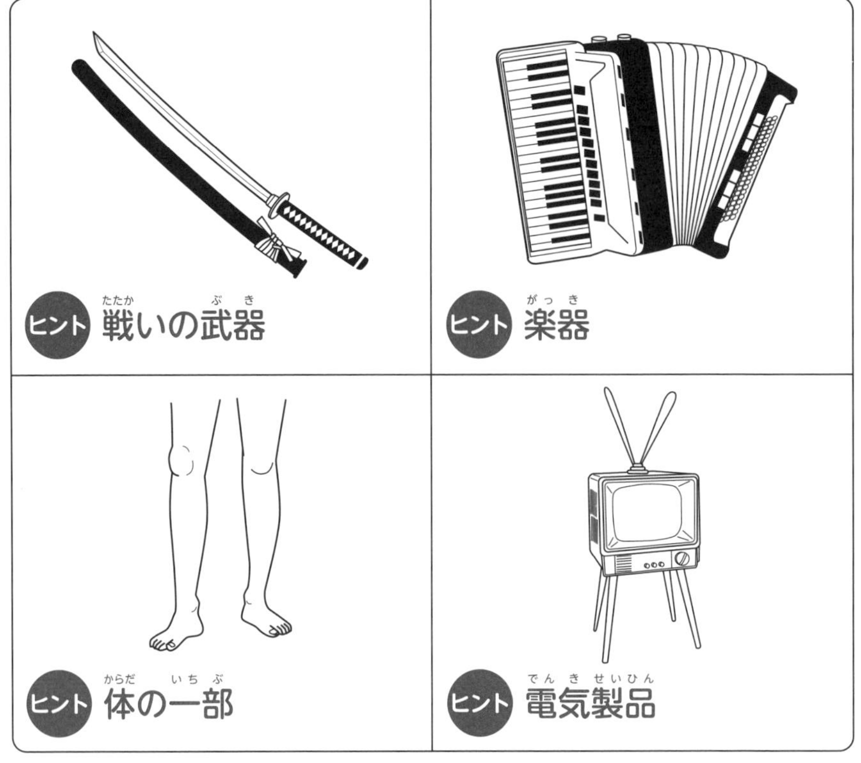

練習問題 3日目

手がかり再生
イラストの記憶

ヒントを手がかりにすべての絵を覚えてください。

覚えたかどうか確認するために、前のページには戻らないでください。

手がかり再生
イラストの記憶

ヒントを手がかりにすべての絵を覚えてください。

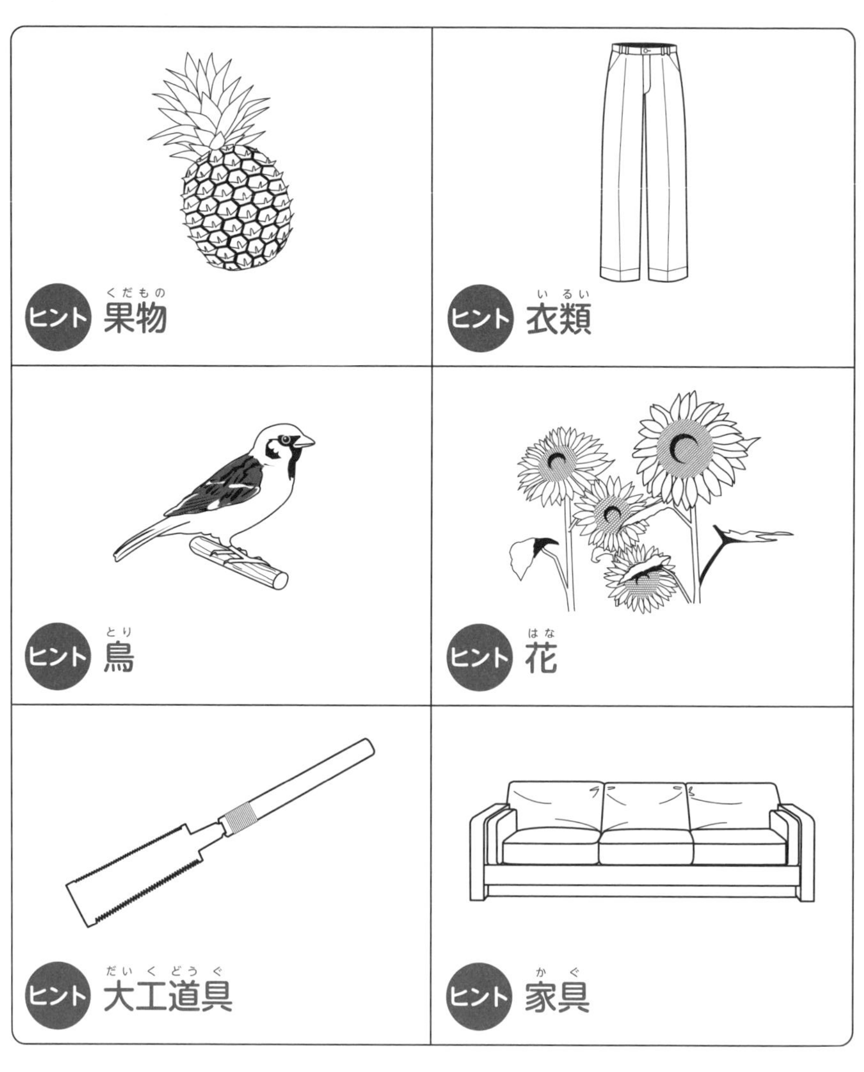

覚えたかどうか確認するために、前のページには戻らないでください。

問題用紙1
介入課題

これから、たくさん数字が書かれた表が出ますので、私が指示をした数字に斜線を引いてもらいます。

例えば、「1と4」に斜線を引いてくださいと言ったときは、

→

4	3	1	4	6	2	4	7	3	9
8	6	3	1	8	9	5	6	4	3

と例示のように順番に、見つけただけ斜線を引いてください。

読み終えたら、次のページに進んでください。➡

練習問題
3日目

回答用紙1

介入課題

回答時間：30秒×2回

まず3と0に斜線を引いてください。
引き終えたら、同じ用紙の8と2と7に斜線を引いてください。

→

0	9	5	2	4	8	7	2	1	7
4	1	3	5	9	7	0	4	2	6
2	7	4	7	1	0	2	5	3	8
8	6	9	0	3	4	5	2	1	0
9	4	0	8	5	1	3	9	0	3
3	8	1	2	7	5	1	0	6	4
1	5	8	0	2	7	4	3	1	9
5	0	9	1	8	6	2	1	5	2
6	1	2	8	9	3	4	2	9	1
7	2	6	3	0	2	9	6	4	5

引き終えたら、次のページに進んでください。➡

練習問題 3日目

問題用紙2 自由回答

少し前に、何枚かの絵をお見せしました。

何が描かれていたのかを思い出して、できるだけ全部書いてください。

・前のページに戻って絵を見ないようにしてください。
・回答の順番は問いません。
・回答は漢字でも、ひらがなでも、カタカナでもかまいません。
・間違えた場合は、二重線を引いて訂正してください。

読み終えたら、次のページに進んでください。➡

回答用紙2

自由回答

回答時間：3分30秒

1.	9.
2.	10.
3.	11.
4.	12.
5.	13.
6.	14.
7.	15.
8.	16.

書き終えたら、次のページに進んでください。➡

練習問題
3日目

問題用紙3
手がかり回答

今度は、回答用紙にヒントが書いてあります。

それを手がかりに、もう一度、何が描かれていたのかを思い出して、できるだけ全部書いてください。

回答は１つだけです。２つ以上書かないでください。
・回答は漢字でも、ひらがなでも、カタカナでもかまいません。
・間違えた場合は、二重線を引いて訂正してください。

練習問題
3日目

回答用紙3
手がかり回答

回答時間：3分30秒

1．戦い(たたか)の武器(ぶき)	9．文房具(ぶんぼうぐ)
2．楽器(がっき)	10．乗り物(のりもの)
3．体(からだ)の一部(いちぶ)	11．果物(くだもの)
4．電気製品(でんきせいひん)	12．衣類(いるい)
5．昆虫(こんちゅう)	13．鳥(とり)
6．動物(どうぶつ)	14．花(はな)
7．野菜(やさい)	15．大工道具(だいくどうぐ)
8．台所用品(だいどころようひん)	16．家具(かぐ)

書き終えたら、次のページに進んでください。➡

練習問題 3日目

回答用紙4 時間の見当識

回答時間：3分

何年の回答は、西暦でも和暦でもかまいません。和暦とは元号を使った言い方です。「何年」は「なにどし」ではないので、干支で答えないでください。

以下(いか)の質問(しつもん)にお答(こた)えください。

質問(しつもん)	回答(かいとう)
今年(ことし)は何年(なんねん)ですか？	年(ねん)
今月(こんげつ)は何月(なんがつ)ですか？	月(がつ)
今日(きょう)は何日(なんにち)ですか？	日(にち)
今日(きょう)は何曜日(なんようび)ですか？	曜日(ようび)
今(いま)は何時(なんじ)何分(なんぷん)ですか？	時(じ)　分(ふん)

書き終えたら、次のページに進んでください。➡

練習問題 3日目

3日目の回答と解説

3日目の練習問題の答え合わせをしましょう。そのあと、採点結果によって判定をします。

時間の見当識

最大15点

問題	正解した場合の点数
年	5点
月	4点
日	3点
曜日	2点
時間	1点

あなたの得点

＿＿＿＿点

解説

この問題は検査した年月日と曜日、検査を開始した時刻の前後30分以内の時間が書かれていれば正解となります。「年・月・日・曜日・時間」をそれぞれ採点して、合計得点を出します。

今日の「年」「月」「日」「曜日」をカレンダーで確認して採点しましょう！

今年は何年ですか？　➡

- 西暦でも和暦でもどちらでもかまいません。和暦の場合、検査時の元号以外の元号を用いた場合、不正解になります。

今月は何月ですか？　➡

今日は何日ですか？　➡

今日は何曜日ですか？　➡

- 回答が空欄の場合は、不正解となります。

手がかり再生

最大32点

	ヒント	正解	自由回答	手がかり 回答	得点
1	戦いの武器	刀			
2	楽器	アコーディオン			
3	体の一部	足			
4	電気製品	テレビ			
5	昆虫	カブトムシ			
6	動物	馬			
7	野菜	カボチャ			
8	台所用品	包丁			
9	文房具	筆			
10	乗り物	ヘリコプター			

	ヒント	正解	自由回答	手がかり回答	得点
11	果物	パイナップル			
12	衣類	ズボン			
13	鳥	スズメ			
14	花	ひまわり			
15	大工道具	ノコギリ			
16	家具	ソファー			

あなたの総得点　　　　点

・自由回答のみ正解の場合：1問正解で2点
・手がかり回答のみ正解の場合：1問正解で1点
・自由回答、手がかり回答のどちらも正解の場合：2点
・ヒントに回答が対応していない場合でも、正しい単語が書かれていれば正解です。

練習問題
3日目

3日目の総合点を出して、判定をしてみよう

2つの問題の答え合わせと採点が終わったら、2つの問題の点数を下記のように計算して総合点を出します。この総合点の結果で、「認知機能」が2段階に判定されます。

① 手がかり再生：

あなたの得点　　点 × 2.499 ➡ 　　点

② 時間の見当識：

あなたの得点　　点 × 1.336 ➡ 　　点

総合点　　点

※小数点以下は切り捨ててください

判定結果

総合点が36点未満 ➡ 認知症のおそれあり

総合点が36点以上 ➡ 認知症のおそれなし

練習問題
4日目

手がかり再生
イラストの記憶

何枚かの絵を見てもらいます。あとで何の絵があったかすべて答えていただきますので、よく覚えてください。絵を覚えるためのヒントも書かれていますので、ヒントを手がかりに覚えてください。

検査員が16枚の絵についてヒントを交えて説明します。実際の検査では、口頭で説明するため絵の描かれた問題用紙はありません。次のページに描かれている絵も覚えてください。

戦い(たたか)の武器(ぶき)

楽器(がっき)

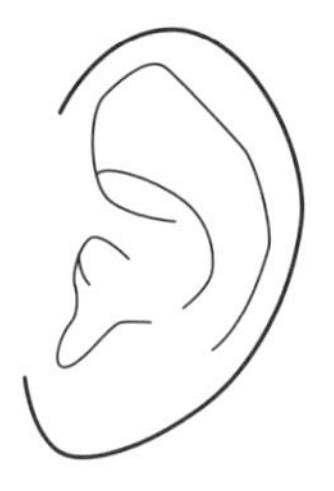

体(からだ)の一部(いちぶ)

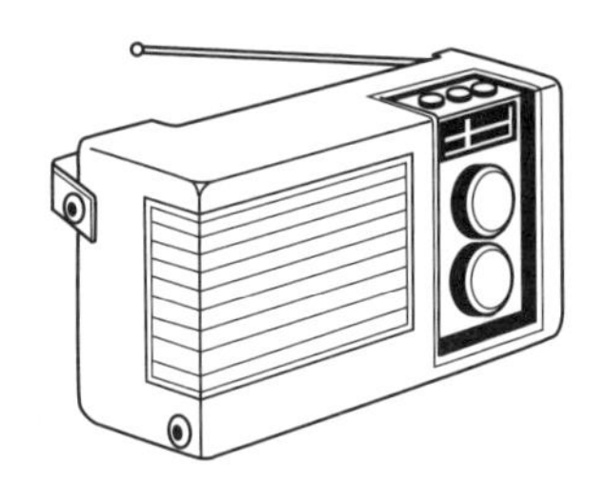

電気製品(でんきせいひん)

手がかり再生
イラストの記憶

ヒントを手がかりにすべての絵を覚えてください。

覚えたかどうか確認するために、前のページには戻らないでください。

手がかり再生
イラストの記憶

ヒントを手がかりにすべての絵を覚えてください。

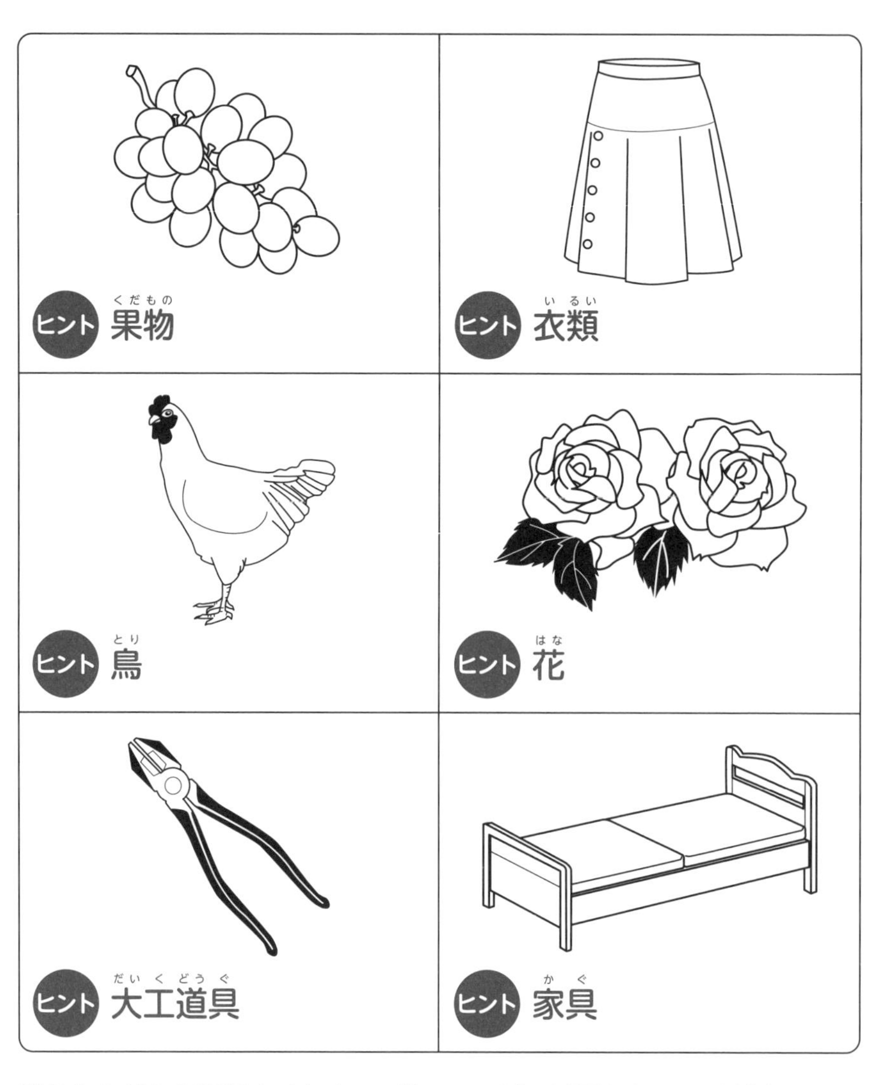

覚えたかどうか確認するために、前のページには戻らないでください。

問題用紙1
介入課題

これから、たくさん数字が書かれた表が出ますので、私が指示をした数字に斜線を引いてもらいます。

例えば、「1と4」に斜線を引いてくださいと言ったときは、

4	3	1	4	6	2	4	7	3	9
8	6	3	1	8	9	5	6	4	3

と例示のように順番に、見つけただけ斜線を引いてください。

読み終えたら、次のページに進んでください。➡

練習問題 4日目

回答用紙1

介入課題

回答時間：30秒×2回

まず9と2に斜線を引いてください。
引き終えたら、同じ用紙の5と4と7に斜線を引いてください。

→

5	9	7	0	4	2	6	3	1	4
3	0	2	9	6	4	5	2	6	7
7	1	0	2	5	3	8	4	7	9
0	3	4	5	2	1	0	9	6	8
8	5	1	3	9	0	3	0	9	4
1	2	7	5	1	0	6	8	3	4
5	1	0	6	4	7	3	8	2	9
2	7	4	3	1	9	0	8	5	1
1	2	8	9	3	4	2	9	1	4
0	2	9	6	4	5	7	6	2	5

引き終えたら、次のページに進んでください。➡

練習問題
4日目

問題用紙2
自由回答

少し前に、何枚かの絵をお見せしました。

何が描かれていたのかを思い出して、できるだけ全部書いてください。

・前のページに戻って絵を見ないようにしてください。
・回答の順番は問いません。
・回答は漢字でも、ひらがなでも、カタカナでもかまいません。
・間違えた場合は、二重線を引いて訂正してください。

読み終えたら、次のページに進んでください。➡

練習問題 4日目

回答用紙2

自由回答

回答時間：3分30秒

1.	9.
2.	10.
3.	11.
4.	12.
5.	13.
6.	14.
7.	15.
8.	16.

書き終えたら、次のページに進んでください。➡

練習問題
4日目

問題用紙３ 手がかり回答

今度は、回答用紙にヒントが書いてあります。

それを手がかりに、もう一度、何が描かれていたのかを思い出して、できるだけ全部書いてください。

回答は１つだけです。２つ以上書かないでください。
・回答は漢字でも、ひらがなでも、カタカナでもかまいません。
・間違えた場合は、二重線を引いて訂正してください。

練習問題
4日目

回答用紙3
手がかり回答

回答時間：3分30秒

1．戦(たたか)いの武器(ぶき)	9．文房具(ぶんぼうぐ)
2．楽器(がっき)	10．乗(の)り物(もの)
3．体(からだ)の一部(いちぶ)	11．果物(くだもの)
4．電気製品(でんきせいひん)	12．衣類(いるい)
5．昆虫(こんちゅう)	13．鳥(とり)
6．動物(どうぶつ)	14．花(はな)
7．野菜(やさい)	15．大工道具(だいくどうぐ)
8．台所用品(だいどころようひん)	16．家具(かぐ)

書き終えたら、次のページに進んでください。➡

練習問題
4日目

回答用紙4
時間の見当識

回答時間：3分

何年の回答は、西暦でも和暦でもかまいません。和暦とは元号を使った言い方です。「何年」は「なにどし」ではないので、干支で答えないでください。

以下(いか)の質問(しつもん)にお答(こた)えください。

質問(しつもん)	回答(かいとう)
今年(ことし)は何年(なんねん)ですか？	年(ねん)
今月(こんげつ)は何月(なんがつ)ですか？	月(がつ)
今日(きょう)は何日(なんにち)ですか？	日(にち)
今日(きょう)は何曜日(なんようび)ですか？	曜日(ようび)
今(いま)は何時(なんじ)何分(なんぷん)ですか？	時(じ)　　分(ふん)

書き終えたら、次のページに進んでください。➡

練習問題
4日目

4日目の回答と解説

4日目の練習問題の答え合わせをしましょう。そのあと、採点結果によって判定をします。

時間の見当識

最大15点

問題	正解した場合の点数
年	5点
月	4点
日	3点
曜日	2点
時間	1点

あなたの得点

点

解説

この問題は検査した年月日と曜日、検査を開始した時刻の前後30分以内の時間が書かれていれば正解となります。「年・月・日・曜日・時間」をそれぞれ採点して、合計得点を出します。

今日の「年」「月」「日」「曜日」をカレンダーで確認して採点しましょう！

今年は何年ですか？　➡

- 西暦でも和暦でもどちらでもかまいません。和暦の場合、検査時の元号以外の元号を用いた場合、不正解になります。

今月は何月ですか？　➡
今日は何日ですか？　➡
今日は何曜日ですか？　➡

- 回答が空欄の場合は、不正解となります。

手がかり再生

最大32点

	ヒント	正解	自由回答	手がかり回答	得点
1	戦いの武器	大砲			
2	楽器	オルガン			
3	体の一部	耳			
4	電気製品	ラジオ			
5	昆虫	てんとう虫			
6	動物	ライオン			
7	野菜	タケノコ			
8	台所用品	フライパン			
9	文房具	ものさし			
10	乗り物	オートバイ			

	ヒント	正解	自由回答	手がかり回答	得点
11	果物	ぶどう			
12	衣類	スカート			
13	鳥	にわとり			
14	花	バラ			
15	大工道具	ペンチ			
16	家具	ベッド			

あなたの総得点　　　　点

・自由回答のみ正解の場合：1問正解で2点
・手がかり回答のみ正解の場合：1問正解で1点
・自由回答、手がかり回答のどちらも正解の場合：2点
・ヒントに回答が対応していない場合でも、正しい単語が書かれていれば正解です。

練習問題 4日目

4日目の総合点を出して、判定をしてみよう

２つの問題の答え合わせと採点が終わったら、２つの問題の点数を下記のように計算して総合点を出します。この総合点の結果で、「認知機能」が２段階に判定されます。

① 手がかり再生：

あなたの得点　　点 × 2.499 ➡ 　　点

② 時間の見当識：

あなたの得点　　点 × 1.336 ➡ 　　点

総合点　　点

※小数点以下は切り捨ててください

判定結果

総合点が36点未満 ➡ 認知症のおそれあり

総合点が36点以上 ➡ 認知症のおそれなし

メモ（ご自由にお使いください）

第4章

次の運転免許更新に向けて知っておくべきこと

安全・快適なカーライフをおくるためのポイント

ここからは高齢ドライバーが安全・快適なカーライフをおくるための知識をお伝えしていきます。シニア世代になっても、安全に運転を続けていきましょう。

◉高齢ドライバーによる事故は年4,000件以上！

高齢ドライバーによる事故は、年間で4,000件以上も発生しています。認知機能検査が始まって事故全体に占める高齢ドライバーの割合は減ってはいますが、近年、事故件数がまた増えています。

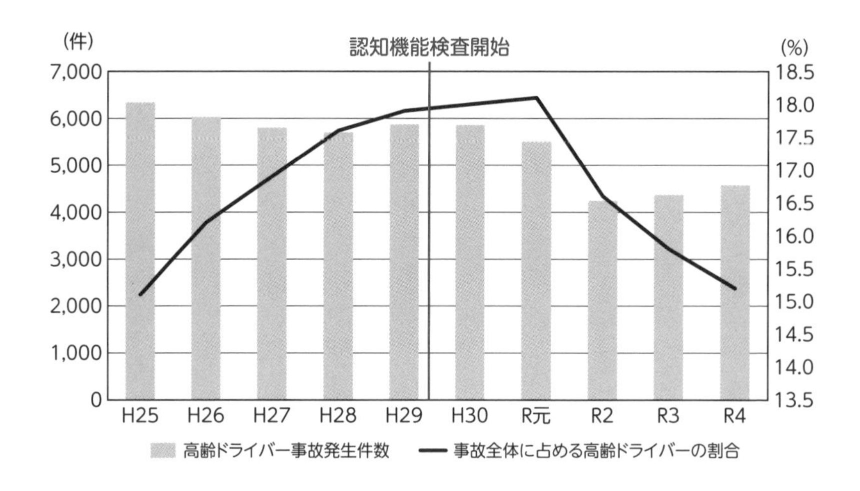

警察庁のアンケートで、75歳以上のドライバーに「運転に関して、若い頃と比べて変わったと感じるか」を聞いたところ、半数以上が「経験を積み、じょうずに運転できるようになった」と回答しており、運転に自信を持っていました。この自信が、実は慣れや油断を生み、重大事故につながっているのです。もう一度、運転について見直してみましょう。

年齢とともに増加する 3大事故とは

高齢になると注意力や判断力が低下し、これにともない事故を起こしやすくなります。どんな場面で、高齢者の事故が起こりがちなのか知っておきましょう。

第1位　駐車場などでのバック時の事故

駐車場の中で起こる事故のうち、約8割がバック時に起こっています。事故発生率は、40～50代に比べると約2倍も高くなっています。

第2位　交差点などでの右折時の事故

右折時の事故は8割が対向車以外との衝突、接触です。対向車に気をとられ、横断歩道の歩行者や自転車との接触事故を起こしてしまうケースが多いのです。

第3位　直進時の出合い頭の事故

交差点で最も多い事故は出合い頭の事故です。安全確認が不十分なことが原因ですが、「車や自転車は出てこないだろう」という思い込みや油断も大きな要因です。

高齢ドライバーが安全・快適に運転するための5か条

安全・快適に運転を続けるために気を付けていただきたいポイントをあげました。ぜひ、この機会にご自分の運転を見直してみましょう。

ポイント1　高齢運転者標識（シルバーマーク）を付ける

シルバーマークは、70歳以上のドライバーが運転していることを知らせるものです。このマークを付けた車への幅寄せや割り込みなどの危険な行為は、やむを得ない場合を除き、交通違反となります。高齢者が運転していることを知らせるためにも、必ずシルバーマークを付けましょう。

ポイント2　車間距離は長めに取る

年齢が上がるとともに反応速度は低下するので、車間距離を見直すことも大切です。今まで以上に車間距離を取るようにすれば、余裕のある運転ができるようになります。

ポイント3　バック開始前に一度、停止して目視確認

駐車場の事故の多くが、バックの際に起こっています。バックは視界が狭くなります。感覚に頼ってバックしたり、バックをしながら安全確認すると接触事故を起こしやすくなります。直接、目視して確認する習慣を付けましょう。

ポイント4　右折は大きく、ゆっくりと

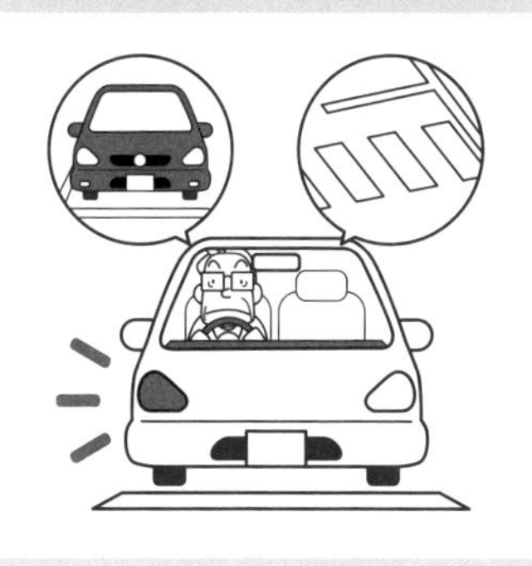

交差点での右折時は対向車やその死角、右折先などの安全確認をバランスよく行う必要があります。大きく、ゆっくりと右折することで視界が確保され、確実に安全確認が行えます。

ポイント5　交差点の手前ではアクセルから足を離す

加速しながら交差点に進入したり、通過すると、危険を発見しにくくなります。出合い頭の事故を防ぐためにも、交差点の手前では、アクセルから足を離すようにしましょう。すばやくブレーキを踏むことができる態勢を確保しておくことが大切です。

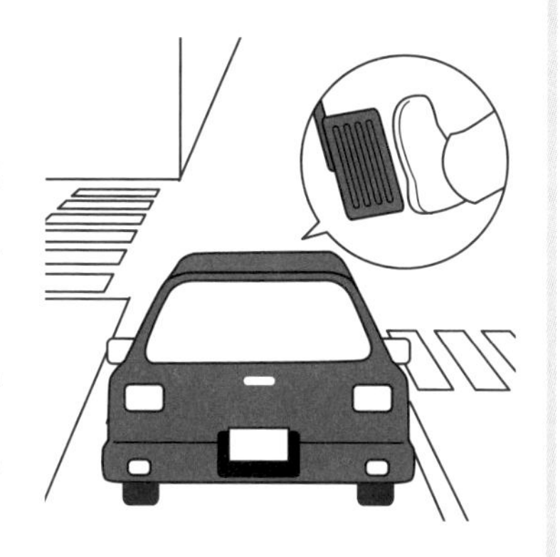

運転時認知障害早期発見チェックリスト30

日常生活の中では気づきにくい初期の認知機能の衰えも、車を運転する行為には現れやすくなります。認知症予備群ともいえる軽度認知障害の人に、運転時に現れやすい事象をまとめたものが、このチェックリストです。5項目以上チェックが入る人は、専門機関で診てもらうなどを検討しましょう。

	運転時認知障害早期発見チェックリスト30	チェック欄
1	車のキーや免許証などを探し回ることがある。	
2	今までできていたカーステレオやカーナビの操作ができなくなった。	
3	トリップメーターの戻し方や時計の合わせ方がわからなくなった。	
4	機器や装置（アクセル、ブレーキ、ウインカーなど）の名前を思い出せないことがある。	
5	道路標識の意味が思い出せないことがある。	
6	スーパーなどの駐車場で自分の車を停めた位置がわからなくなることがある。	
7	何度も行っている場所への道順が、すぐに思い出せないことがある。	

	運転時認知障害早期発見チェックリスト30	チェック欄
8	運転している途中で行き先を忘れてしまったことがある。	
9	よく通る道なのに曲がる場所を間違えることがある。	
10	車で出かけたのに他の交通手段で帰ってきたことがある。	
11	運転中にバックミラー（ルーム、サイド）をあまり見なくなった。	
12	アクセルとブレーキを間違えることがある。	
13	曲がる際にウインカーを出し忘れることがある。	
14	反対車線を走ってしまった（走りそうになった）。	
15	右折時に対向車の速度と距離の感覚がつかみにくくなった。	
16	気がつくと自分が先頭を走っていて、後ろに車列が連なっていることがよくある。	
17	車間距離を一定に保つことが苦手になった。	
18	高速道路を利用することが怖く（苦手に）なった。	
19	合流が怖く（苦手に）なった。	

	運転時認知障害早期発見チェックリスト30	チェック欄
20	車庫入れで壁やフェンスに車体をこすることが増えた。	
21	駐車場所のラインや、枠内に合わせて車を停めることが難しくなった。	
22	日時を間違えて目的地に行くことが多くなった。	
23	急発進や急ブレーキ、急ハンドルなど、運転が荒くなった（と言われるようになった）。	
24	交差点での右左折時に、歩行者や自転車が急に現れて驚くことが多くなった。	
25	運転しているときにミスをしたり危険な目にあったりすると頭の中が真っ白になる。	
26	好きだったドライブに行く回数が減った。	
27	同乗者と会話しながらの運転がしづらくなった。	
28	以前ほど車の汚れが気にならず、あまり洗車をしなくなった。	
29	運転自体に興味がなくなった。	
30	運転すると妙に疲れるようになった。	

第5章

75歳からのボケ防止に役立つ10の習慣

ボケ防止に役立つ 10の習慣

歳をとるに従って脳の機能が低下していくのは避けられないことですが、予防を意識するのとしないのとでは、その速度は大きく違ってきます。ここでは日々意識すべき10の習慣をお教えしましょう。

（右脳開発トレーナー・児玉光雄）

❶ 右脳を活性化させるイメージトレーニングをしましょう

❷ 神経衰弱トレーニングで短期記憶を向上させましょう

❸ コインローラー・トレーニングで
指先の運動を習慣化しましょう

❹ 左半身を日常生活の中で積極的に使いましょう

❺ リラックス腹式呼吸で日々の緊張をほぐしましょう

❻ 声を出して雑誌や新聞を読む習慣を身に付けましょう

❼ スーパーやコンビニで暗算トレーニングを行いましょう

❽ 少しきつめのウォーキングを実践しましょう

❾ 就寝前に日誌を書く習慣を身に付けましょう

❿ 本を立って読む習慣を取り入れましょう

❶右脳を活性化させるイメージトレーニングをしましょう

右脳を活性化させる習慣を身に付けることにより脳は若返ります。目を閉じて脳裏に画像を描きましょう。視覚だけでなく他の感覚器官も動員すればイメージはよりリアルになります。例えば鳥をイメージするときには聴覚を連動させて鳥の鳴き声を視覚イメージに加えるのです。あるいは、あなたの大好きなカレーライスをイメージしたかったら、嗅覚と味覚の感覚イメージを働かせて、カレーの匂いと味をイメージの中に取り込んでください。

❷神経衰弱トレーニングで短期記憶を向上させましょう

トランプを使った神経衰弱ゲームは高齢者の方々において機能低下が目立つ短期記憶を鍛えてくれます。まず52枚のトランプを１対ずつ26組に分けます。最初絵柄が付いた表側を向けておき、数秒間注視したあと１枚ずつ裏返しにしていきます。その後１枚ずつ同じ数字のカードを表向けにしていきます。まずシャッフルした２組４枚からスタートさせ、それが間違わずにできたら３組６枚、それができたら４組８枚と枚数を増やしていきます。１組でも間違ったら、間違えなかった枚数があなたの現在の脳のレベルなのです。

③コインローラー・トレーニングで指先の運動を習慣化しましょう

運動を制御している脳の領域で最も大きな部分を占めるのが指先の運動を制御している領域です。つまり、高度な指先の運動を習慣化すれば、脳の活性化に大きく貢献してくれるのです。このトレーニングはコインを使います。500円玉を親指と人指し指の間にはさみ、親指から小指のほうに順番に指の間を移動させていきましょう。薬指と小指の間までコインを移動できたら、今度は移動させた経路と逆向きに、小指から親指まで移動させてください。

❹左半身を日常生活の中で積極的に使いましょう

脳と身体は交差しています。つまり、左半身は右脳が、そして右半身は左脳が制御しているのです。だから、右利きの人は、ともすれば左半身を使うことが疎かになり、右脳への刺激が不足しています。歯を磨いたり、クシを使ったり、箸を持ったりする作業を、ときどき左手を使ってやってみましょう。最初はとても不自由に感じるかもしれませんが、次第にうまくできるようになるはずです。そのぎこちなさを快感にしてこの作業を日常生活の中で積極的に行ってください。

⑤リラックス腹式呼吸で日々の緊張をほぐしましょう

腹式呼吸が心身をリラックスさせてくれます。まず、静かな部屋を選んでイスに腰かけ、肩の力を抜いて静かに目を閉じましょう。お腹にどちらか一方の手を当てて、その手を意識しながら頭の中で「1・2・3・4」と数えながら鼻から吸い込みましょう。お腹いっぱいに息を吸い込んだら、今度は2倍の時間をかけて「1・2・・・7・8」と頭の中で数えながら口から息を吐き出しましょう。4秒かけて息を吸い、8秒かけて息を吐く。この12秒のペースによる腹式呼吸がリラックスを約束してくれるのです。

❻声を出して雑誌や新聞を読む習慣を身に付けましょう

新聞や雑誌を読むときにただ視覚を通して読むだけの黙読ではなく、声を出して目、口、耳を動員して行う音読を実行しましょう。そうすることにより脳が何倍も活性化してくれます。毎日朝晩2回、それぞれ10分間の時間を確保して一人きりになれる自分の書斎などで音読する習慣を身に付けましょう。積極的に声を出して読む音読を行うことにより、脳の活性化が促進されるだけでなく、記憶力も高まるのです。

⑦スーパーやコンビニで暗算トレーニングを行いましょう

高齢者の方々にお勧めしたい脳活性トレーニングは暗算トレーニングです。スーパーやコンビニの買物のついでにぜひ行ってください。まず買物の予算額を決めましょう。制限時間は10分間。店に入ってカゴに商品を入れながら価格を暗算により足し算していきましょう。そして全部の商品を買い終えたらレジに行ってお勘定をしてもらいましょう。できるだけ目標金額に近付けることが目標になります。予算額をオーバーしてはいけません。予算額との誤差を必ずメモしておきましょう。

❽少しきつめのウォーキングを実践しましょう

アメリカ・スタンフォード大学メディカルセンターの70～84歳を被験者にした調査で、よく歩く人は歩かない人よりも死亡率が49％低くなる事実が判明しています。“よく歩く人”とは、1週間に9マイル（約14.5キロ）以上歩く人です。つまり、毎週2時間半歩けばよいことになります。分速100mを目安に、少しきつめのペースにすることで運動効果は高まります。週5日のペースで1日30分歩く習慣を身に付けるだけで、あなたは驚くほど簡単に健康を手に入れることができるのです。

❾就寝前に日誌を書く習慣を身に付けましょう

エピソード記憶を鍛えることにより脳は若返ります。就寝前の10分間を活用して「出来事日誌」を付ける習慣を身に付けましょう。近くのショッピングセンターに買物に出かけたら、何を買ったか、その値段はいくらだったかを記しましょう。散歩をしたらどこを歩いたかを思い出しながら、その情景をできるだけ具体的に記しましょう。もちろん、その日体験した楽しかったことや感動したことも忘れないで記しておきましょう。日誌を書く習慣があなたの脳を活性化させて健康寿命を延ばしてくれるのです。

⑩ 本を立って読む習慣を取り入れましょう

高齢者の方はどうしても座る時間が長くなります。オーストラリア・シドニー大学の調査では、1日に座っている時間の合計が11時間以上の人はそうでない人よりも3年以内に死亡する確率が40%も高かったのです。私は立って読書することをお勧めしています。座って読むと居眠りしやすいのです。しかし立って読めばそんなことはありません。つまり、立って読むほうが座って読むよりも脳の活性が促進され、理解力も高まるのです。もちろん、座って読む作業と併用することにより、立って読む作業は習慣化されるのです。

【著者プロフィール】

小宮 紳一（こみや しんいち）　<第1～4章>

ソフトバンクで20年以上に渡り、IT・シニア関連の雑誌編集長やグループ会社の代表・役員を歴任。その後、シニアビジネスやサブスクリプションの領域で多くの企業と協働して事業展開し、シニア向けスマートフォンの開発などを行う。主な著書は、『事例で学ぶサブスクリプション［第2版］』『スマホ決済の選び方と導入がズバリわかる本』（秀和システム）など。

児玉 光雄（こだま みつお）　<第5章>

1947年、兵庫県生まれ。追手門学院大学特別顧問。前鹿屋体育大学教授。専門は臨床スポーツ心理学、体育方法学。能力開発にも造詣が深く、数多くの脳トレ本を執筆するだけでなく、受験雑誌やビジネス誌に能力開発に関するコラムを執筆。これらのテーマで、大手上場企業を中心に年間70～80回のペースで講演活動を行っている。著書は『もの忘れ、ボケを防ぐ 脳いきいきドリル』（秀和システム）など200冊以上にのぼる。

【イラスト】

よしだ かおり

【校正・校閲】（株）ぷれす

参考WEB

- 警察庁「認知機能検査について」
  https://www.npa.go.jp/policies/application/license_renewal/ninchi.html

●注意

(1)本書は著者が独自に調査した結果を出版したものです。
(2)本書は内容について万全を期して作成いたしましたが、万一、ご不審な点や誤り、記載漏れなどお気付きの点がありましたら、出版元まで書面にてご連絡ください。
(3)本書の内容に関して運用した結果の影響については、上記 (2) 項にかかわらず責任を負いかねます。あらかじめご了承ください。
(4)本書の全部または一部について、出版元から文書による承諾を得ずに複製することは禁じられています。
(5)本書に記載されているホームページのアドレスなどは、予告なく変更されることがあります。
(6)商標
本書に記載されている会社名、商品名などは一般に各社の商標または登録商標です。

本書の情報は2023年7月1日時点のものです。
最新の情報は、警視庁WEBや最寄りの警察署などでご確認ください。

一発合格！ 運転免許認知機能検査
[2023～2024年最新改定対応版]

発行日 2023年 9月10日 第1版第1刷
2023年11月14日 第1版第2刷

著 者 小宮 紳一／児玉 光雄

発行者 斉藤 和邦
発行所 株式会社 秀和システム
〒135-0016
東京都江東区東陽2-4-2 新宮ビル2F
Tel 03-6264-3105（販売）Fax 03-6264-3094
印刷所 三松堂印刷株式会社 Printed in Japan

ISBN978-4-7980-7033-9 C0065

定価はカバーに表示してあります。
乱丁本・落丁本はお取りかえいたします。
本書に関するご質問については、ご質問の内容と住所、氏名、電話番号を明記のうえ、当社編集部宛FAXまたは書面にてお送りください。お電話によるご質問は受け付けておりませんのであらかじめご了承ください。